U0145387

圖解系列

圖解

生產與作業管理

第三版

歐宗殷
蔡文隆 博士 著

五南圖書出版公司 印行

作者序

　　自1999年以來，筆者已在業界服務多年，對於產業所需的各項生產管理知識與技能均持續累積，並且陸續在學校教授「生產計劃與管理」、「物料與供應鏈管理」、「全面品質管理」以及「企業資源規劃」等相關課程，生產與作業管理(Production & Operation Management)所涉範疇，隨著科技以及產業的快速變遷已有大幅度的進步，早年生產管理僅侷限在生產現場中的生產計劃與排程，有鑑於資訊科技的快速進步，生產管理所涵蓋層面大幅提升，舉凡企業組織內的生產、行銷、銷售、人事、研發、財務、會計、採購、外包及其他相關功能，均需透過資訊技術(Information Technology；IT)加以歸納與整合，所涉範圍由原先單純的製造規劃進而延伸至客戶與供應商的整合服務。

　　現今多數企業均大量應用雲端技術或資訊系統將它們的供應商、協力廠、經銷商、顧客、外包商及其海外組織連結成全球營運系統，以即時分析產品品質、規格、顧客滿意度、生產力、競爭力、獲利力等資訊，才能在環境多變而競爭激烈的全球市場上，取得優於競爭對手的優勢。

　　本書共分為三大面向以及20個章節，說明如下：

第一篇　生產與作業管理策略面。主要探討企業在進行生產策略的制定與長程生產規劃時所需考慮的範疇及可使用之規劃工具，包括：

第一章　生產與作業管理導論

第二章　生產力與競爭策略

第三章　預測

第四章　產品設計

第五章　生產程序的決策與選擇

第六章　設施規劃與廠址決策

第七章　工作系統規劃與設計

第二篇　生產與作業管理制度面。主要探討企業在執行生產計劃時所涉及的中、短程規劃內容以及制度施行時所使用的各項管理技術，包括：

第八章　策略性產能規劃

第九章　總合生產規劃

第三篇　生產與作業管理整合面，主要探討企業欲連結內部及外部功能和資訊時，所需考量之管理及系統整合概念與技術，包括：

　　本書雖已廣納各種文獻資料並配合個人十餘年的工作與教學經驗，但仍然有許多未能盡善盡美之處，除了因為筆者個人的能力及時間有限，另一方面，生產計劃與管理的範圍及技術內容牽涉太廣，不易全面涵蓋並加以深入探討，因此，本書疏漏之處在所難免，尚請讀者鑑察，不吝指正。

　　本書之能夠順利出版，藉助金門大學工業工程與管理學系陳冠宇、陳清誠同學以及高雄科技大學施佩妤同學之協助甚多，他們協助整理文稿，並搜集、提供及補充最新文獻、網頁等資料，工作甚為繁重，謹致最高謝意。內人劉雅玲之校稿功亦不可沒，都是重要的貢獻，筆者謹致最誠摯及最高的謝意。

筆者 歐宗殷 敬上

於國立高雄科技大學行銷與流通管理系(所)

西元2022年1月8日

本書目錄

作者序

本書目錄

第**5**章 生產程序的決策與選擇

第**6**章 設施規劃與廠址決策

第三篇　生產與作業管理整合面

第 14 章　企業資源規劃

第 15 章　及時生產系統

第 16 章　供應鏈管理

第 17 章　品質管制與全面品質管理

第18章　顧客關係管理與資料探勘技術

第19章　限制理論

第20章　數位轉型之發展及人工智慧(AI)之定位與角色

第一篇

生產與作業管理策略面

第 1 章
生產與作業管理導論

●●●●●●●●●●●●●●●●●●●●●●●●●●●●●●●● 章節體系架構 ▼

Unit **1-1** 生產管理的基本架構與功能

　　生產管理涵蓋的面向很廣，不同的時間與管理幅度對應出不同的產能策略規劃，產能策略規劃有其輸入資料以及輸出資料，輸出的資料都可作為決策、管理及甚至是下一個階段的輸入資料，以下將逐一說明生產管理的基本架構，以及不同時程的產能策略其輸入和輸出資料之關係流程圖：

　　1. SCP(Strategic Capacity Planning；策略性產能規劃)：SCP屬於長期性的產能規劃，考慮供給面的設計產能(design capacity)、有效產能(actual capacity)及實際產出(actual output)。

　　2. APP(Aggregate Production Planning；總合生產規劃)：APP屬於中期性的產能規劃，其目的在尋求供給面與需求面的平衡。

　　3. SS(Shipping Schedule；交貨排程)：常見於組裝業，將已確認之客戶訂單排入生產計劃中。

　　4. FAS(Finally Assembly Schedule；最終組裝排程)：常見於組裝業，依據交貨排程依序組裝並完成客戶的訂單，組裝時亦需考慮原物料、半成品及產能等限制。

　　5. IRF(Inventory Record File；庫存記錄檔)：記錄存貨情況的資料，記錄的內容包含成品、半成品及原料。

　　6. BOM(Bill of Material；物料清單)：BOM記錄組成最終成品所需各項物料的詳細資料，內容記載原物料清單、加工流程、各部位明細、半成品與成品數量等資訊，通常以階層或編碼的方式表達。

　　7. MPS(Master Production Schedule；主生產排程)：MPS又稱大日程計劃或成品排程，可以回答哪一個最終成品(What?)，該於什麼時間(When?)，生產多少數量(How many?)的產能規劃。

　　8. MRP(Material Requirement Planning；物料需求計劃)：其主要目的乃在依據主生產排程(MPS)的需求，透過物料清單(BOM)的展開，並考慮現有之庫存狀況，以決定在各時間點所應進行之各項生產活動，進而達到準時交貨的目的。可以回答哪一個原物料或半成品(What?)，應於什麼時間(When?)，備有多少數量(How many?)的產能規劃。

　　9. RSF(Routing Sheet File；途程表)：描述製造某特定項目生產流程的詳細資料。

　　10. WCF(Work Center File；工作中心檔)：工作中心檔包含工作中心的產能、物料搬運、加工等待時間及工作站負載狀況等資訊。

　　11. CRP(Capacity Requirement Planning；產能需求規劃)：CRP屬於短期性的產能規劃，其決定為完成計劃所需的人力及設備的詳細產能的過程。

　　12. 中日程計劃又稱訂單排程(Order Schedule)：在生產現場為提高生產量或提升良率，而由現場主管或管理人員所制定的訂單排程。

　　13. 小日程計劃又稱機器排程(Machine Schedule)：在生產現場為充分配合機器的產能狀況或臨時突發狀況，而由現場主管或管理人員所制定的機器排程。

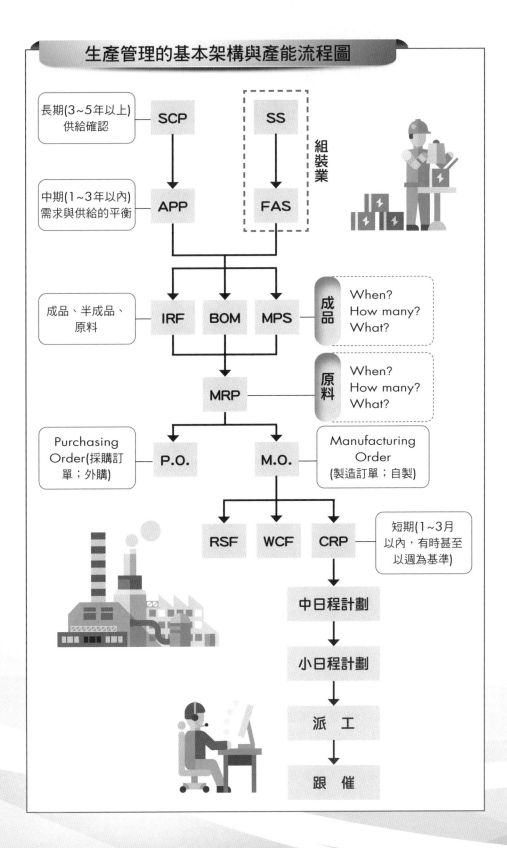

生產管理的基本架構與產能流程圖

長期(3~5年以上)供給確認 — SCP

SS ┐ 組裝業

中期(1~3年以內)需求與供給的平衡 — APP

FAS

成品、半成品、原料 — IRF　BOM　MPS — 成品　When? How many? What?

MRP — 原料　When? How many? What?

Purchasing Order(採購訂單；外購) — P.O.

M.O. — Manufacturing Order (製造訂單；自製)

RSF　WCF　CRP — 短期(1~3月以內，有時甚至以週為基準)

中日程計劃

小日程計劃

派　工

跟　催

Unit **1-2**
生產管理的循環

生產(production)是一個從投入(input)，經過製程轉換(process)，到產出(output)的過程；透過此一程序，會創造或改變產品的效用(utility)，使產品的附加價值(added value)得以提升。而所謂「生產系統」即包括這整個IPO(Input-Process-Output)的程序，以下將以投入、製程轉換及產出三方面做說明：

1. 投入(Input)

在投入方面，主要的生產投入包括材料(material)、人員(men)、資金(money)、方法(method)和機器設備(machine)等各項資源，經過生產製造(manufacturing)的製程轉換，才能變成有形的產品或無形的服務，最終才能在市場(market)上進行銷售或提供服務。

2. 製程轉換(Process)

有關製程轉換方面，其效用或價值的創造有多種形式，說明如下：
(1) 製造：創造或改變資源的**形式效用**。例如：電子業、傳統加工業等。
(2) 運輸：創造或改變資源的**空間效用**。例如：貨運業、宅配、郵務業等。
(3) 儲存：創造或改變資源的**時間效用**。例如：倉儲業、銀行保管業務等。
(4) 服務：創造或改變資源的**狀況效用**。例如：餐飲業、電信業、美容業、顧問業等。
(5) 供應：創造或改變資源的**持有效用**。例如：量販店、便利商店、網拍業等。
(6) 資訊：創造或改變資源的**形式、空間、時間、狀況、持有等效用**。

3. 產出(Output)

在產出方面，以前所謂的生產，大多是指有形產品的製造，至於無形服務之生產則較少人注意。但是近年來服務業愈來愈興盛，且其產值占國民總生產(GNP)的比重早已凌駕製造業之上，因此「生產管理」也逐漸被「生產／作業管理」(Production/Operation Management；POM)所取代。此處Production是指有形產品之製造，而Operation則強調無形服務之生產。廣義而言，Operation可涵蓋Production，故亦有學者直接以「作業管理」(OM)之名取代「生產管理」一詞。

綜上所述，生產管理的的IPO循環內含7M和1I：7M分別為原料(**M**aterial)、人力(**M**en)、資金(**M**oney)、技術(**M**ethod)、設備(**M**achine)、製造(**M**anufacturing)和市場(**M**arket)；1I則是負責訊息串聯和意見回饋的資訊(**I**nformation)。

生產管理的循環應由回饋(feedback)產生良性的驅動力與改善力，生產製造者應由產品／服務的市場端將顧客的聲音和使用心得反饋至投入端，藉由持續不斷的改良與改善其產品與服務，拉大與競爭對手的差距，持續創造價值。

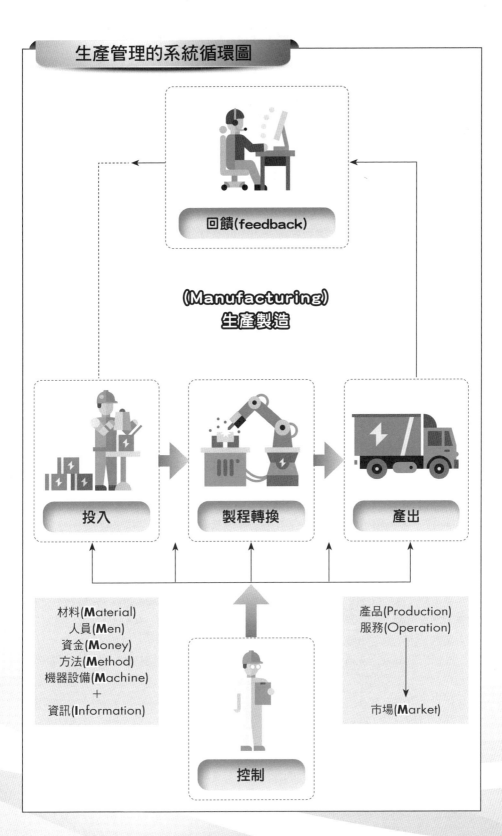

生產管理的系統循環圖

回饋(feedback)

(Manufacturing)
生產製造

投入　　製程轉換　　產出

材料(**M**aterial)
人員(**M**en)
資金(**M**oney)
方法(**M**ethod)
機器設備(**M**achine)
＋
資訊(**I**nformation)

產品(Production)
服務(Operation)

市場(**M**arket)

控制

Unit **1-3**
生產管理的意義

　　生產管理(Production Management；PM)是泛指企業進行計劃、組織以及控制生產的綜合管理活動，其內容包含生產計劃的整合、生產組織的建置以及生產活動的控制和統籌。有關生產管理系統的定義，在許多書中均有不同的解釋，這裡引用Vollmann等人的定義：「生產管理系統主要為提供有關製造支援系統的資訊，有效率地管理物料流，具效益地運用人員和機台資源，並與供應商合作，來協調生產系統內部的活動，滿足客戶端的市場需求。」

　　而生產管理的活動與功能可依據「是否設廠」，將整體活動分成為「設廠前」和「設廠後」兩階段。分述如下：

　　1. 設廠前：如果要籌建一家新廠，則前期規劃工作包括產能規劃、地點規劃、設施規劃和工作系統設計，說明如下：

　　(1) 產能規劃(capacity planning)：一般而言，企業會先進行市場預測，根據對於外來市場的景氣預估來決定是否新建工廠，興建工廠必須考慮資金取得成本、投資效益以及投資回收年限等。若不自行興建工廠，亦可依考慮將訂單部分產能需求外包給他人，此一階段的評估必須審慎，因為策略錯誤，往往錯失商機，但若是策略正確，則獲利豐厚。

　　(2) 地點規劃(location planning)：考慮「何地生產(Where)」的問題。廠址選擇地點除了考慮「地理區域因素」(接近原料、市場、勞工等)和「社區因素」(城市、鄉村、郊區等)之外，還要考慮工廠「座落地因素」(科學園區、工業區等)。

　　(3) 設施規劃(facility planning)：除了工廠布置與物料搬運(plant layout & material handling)之外，還要考慮其他設備與相關附屬設施的軟、硬體整體規劃。

　　(4) 工作系統設計(working system design)：原是「工作研究」的範疇，近來已擴大至工作系統的心理面(行為面)、生理面及人因(human factor)工程方面的議題。

　　2. 設廠後：假定工廠原已存在，則生產部門應在預測(forecasting)後，開始進行「生產規劃」(producing planning)工作，包括產品設計，製程設計、整體規劃、日程編定，然後再做「生產管制」(production control)，內容涵蓋工作分派與進度跟催。這些主題都是生產管理所關注的。詳細說明如下：

　　(1) 預測(forecasting)：對未來的情況作一個事先的預估與推測，包括市場景氣、原物料價格、市場需求、技術發展趨勢及消費者需求等，所應用的方法，包括「定性法」與「定量法」兩大類。

　　(2) 產品設計(product design)：先考慮「生產什麼(What)」的問題，然後設計出顧客所需要的產品與服務。

　　(3) 製程設計(process design)：生產的產品決定之後，在考慮製造過程應該採用何種方法，此即「如何生產(How)」的問題。如果使用現代化設備則產能較大；反之，採用傳統加工則產能必然較小。

(4) 整體規劃(aggregate planning)：又名總體規劃、集體規劃或總合規劃，屬於中期(1季~1年)的產能規劃，主要的工作是從事整體生產規劃(Aggregate Production Planning；APP)，負責供給面與需求面的平衡，當市場預測偏差或是訂單受到淡、旺季的影響時，整體規劃可以從產能的增減、人力的晉用或調整生產量等方式，加以補救或改善。

(5) 日程編定(scheduling)：簡稱為「排程」，是為各項已確定的製造作業安排「何時生產(When)」的問題。

(6) 工作分派(dispatching)：簡稱為「派工」，是考慮以排定的作業由「何人或何機台生產(Who)」的問題。

(7) 進度跟催(follow up)：跟催工作務必使既定作業符合進度，而不致延誤交期。

生產管理在設廠前及設廠後的功能和角色

預測 → 產能規劃 → 地點規劃 → 設施規劃 → 工作系統設計 → 設廠前

預測 → 產品設計 → 製程設計 → 整體規劃 → 日程編定 → 工作分派 → 進度跟催 → 設廠後

小博士解說

生產管理者最重視的「3S」觀念：

(1) 專業化(Specialization)：從亞當‧史密斯提出「分工原則」並闡述分工之利益後，隨之而來的專業化乃是分工之後的必然結果，當所有的工作，依據分工原則及合作原則，設定職責範圍及操作方法時，就能使工人專精於特定範圍的工作，培養出高超的技術能力。

(2) 標準化(Standardization)：是指產品設計、原料使用、設備操作、乃至工作方法等，都依據標準產品規格製造，使生產出來的產品具有高度的同質性及齊一性，並且符合國家標準乃至世界標準，以達到減少浪費、降低成本及零件互換的境界。

(3) 簡單化(Simplification)：原先是指工作簡單化，利用剔除、合併、重排、簡化的方法改進工作程序，以節省成本及時間。後來擴及企業的操作程序及決策程序，均可利用成本效益分析做到「程序簡單化」。

於是「工作專業化」、「產品標準化」、「程序簡單化」的3S觀念，成為企業由家庭生產、手工業生產、茅舍生產而邁向工廠生產的關鍵。

Unit **1-4**
生產型態與策略(Ⅰ)──製程定位策略

製程定位策略(process positioning strategy)指的是針對產品的生產流程的製程設計，依設備使用時間長短與重複性來分，生產系統可分為連續性(continuous)、間歇性(intermittent)和專案性(project)生產三種。其中「連續生產」是指設備使用時間長、重複性高的生產方式；而「間歇生產」則是指設備使用時間短、重複性低的生產方式；至於「專案生產」每次大多僅生產一件或一個極小的批量，幾乎無重複性的生產方式，最適合用來處理特殊目的之活動或產品，以下將逐一說明各種生產系統並加以舉例：

1. 連續性生產(Continuous Manufacturing)

連續性生產指的是液體、廢棄物、粉末或金屬等大批量且標準化程度高之產品的生產或處理，由於加工特性使然，一旦開始進行加工，便不能任意中斷，必須長時間不停地生產才最有效率，例如：石化煉油廠(將原油提煉成各式各樣的石油製品)、自來水工廠(將水源層層過濾變成家戶可飲用的水)、一貫化鋼鐵廠(將煤、鐵等原料送入炎熱的高爐中)，這些都是屬於連續性的生產與配送，其產品特性多半是少(式)樣多(數)量。

2. 間歇性生產(Intermittent Manufacturing)

間歇性生產指的是產品會以批量的方式經過生產線，每一批產品可能有不同的生產途程以及加工需求，間歇性生產往往是以一個為數不算小的批量進行著，所使用的機器設備多為泛用機器，搬運時多以天車、堆高機或推板車進行運輸工作，例如：汽車組裝廠、手機、筆記型電腦或印刷廠大多是此種型態，因此又稱為間斷性生產。

3. 專案性生產(Project Manufacturing)

專案性生產指的是產品固定在一個位置上生產，而相關的生產工作以產品為中心來進行。換句話說，產品本身是不動的，機器設備、材料和人員以產品為中心來配置並作業。此種生產型態的產品通常相當的龐大，其價值也相當高，例如：飛機、郵輪、高樓大廈或隧道等。

小博士解說　工業4.0

亦稱之為第四次工業革命，有人說工業1.0是指機械取代手工的革命；工業2.0為生產線結合工業工程與管理推動大量生產的成果；工業3.0則是導入資訊技術使得生產高度自動化；而工業4.0則是智慧生產的時代來臨，整合雲端技術、物聯網、大數據管理以及智慧設備，打造智能化工廠正是第四次工業革命的核心。

三種不同生產型態的比較

特徵＼生產型態	連續性生產	間歇性生產	專案性生產
1.原料、產品規格	標準化	非標準化	客製化
2.品質	穩定	不穩定	符合顧客的要求
3.產品型式	單一化或種類少	多樣化	少量或單一
4.原料、製成品存貨	較多	較少	幾乎沒有
5.在製品存貨	較少	較高	幾乎沒有
6.使用工人數	較少	較多	專業人工較多
7.單位成本(價格)	較低	較高	非常高
8.工人技術水準	較低	較高	非常高
9.機器設備	專屬型	通用型	專屬或特殊設備
10.設備投資金額	較高	較低	較高
11.預測工作	很重視	不強調	很困難
12.產能	較固定	不固定	不固定
13.工廠布置	產品布置	功能布置	固定式布置
14.場內運送方式	輸送帶為主	搬運車為主	視產品而定
15.生產線平衡重要性	較高	較低	較低
16.生產週期時間	較短	較長	較長
17.表單(紙上作業)	較少	較多	較多
18.製程彈性	較小	較大	非常大
19.規劃作業複雜度	較高	較低	較高
20.組織控制幅度	較大	較小	較小
21.監督工作	容易	困難	較困難
22.管制作業	容易	困難	較困難
23.代表產業	鋼鐵、汽車、石油	印刷廠、成衣業、電子組裝業	101大樓、高鐵、國家音樂廳

Unit **1-5**
生產型態與策略(II)——產品定位策略

產品定位策略(product positioning strategy)是指一個企業組織面對客戶，對於產品交貨時間滿意度所對應之生產策略。主要決定因子為製造的前置時間(manufacturing lead time)及客戶對前置時間長短的接受程度。

換言之，依顧客訂購之後能否迅速取貨來區分，前置時間長表示客戶等待時間較長，無法立即取貨，前置時間短表示客戶等待時間較短，可較快取貨。產品定位策略可分為訂單式生產(make to order)、接單後組裝(assemble to order)、接單後工程設計(engineering to order)及存貨式生產(make to stock)。

1. 訂單式生產(Make to Order；MTO)

訂單生產是在廠商收到客戶之訂單後，才開始啟動製造程序，必須經過製造前置時間，才能出貨給顧客，若無訂單則不會生產製造，例如：量身訂做的西裝。

2. 接單後組裝(Assemble to Order；ATO)

接單後組裝是接到訂單後才開始組裝，要提升交貨速度，可先將產品零件模組化之後，先製成半成品模組，一旦接到顧客訂單後，可立即進行最後的成品組裝活動，例如：筆記型電腦。

3. 接單後工程設計(Engineering to Order；ETO)

接單後工程設計是依顧客所需的特殊規格而訂製，也就是最終產品的規格皆是專為顧客所需而設計開發的，經由產品設計、生產、裝配到成品，甚至還要送到顧客手上，例如：客製化遊艇。

4. 存貨式生產(Make to Stock；MTS)

存貨生產是指產品以成品的型態放置在倉庫或銷售通路中，一旦客戶下訂單即可立即交貨，其主要的依據是銷售分析和預測，然後擬定最適當之存貨水準供顧客訂購，例如：便利商店的御飯糰。

在此必須注意的是：存貨式生產雖然多採連續生產的方式，存貨式生產並不等於連續生產；同理，訂單式生產雖然多採間歇生產的方式，但亦不等於間歇生產。

小博士解說　　大量客製化(Mass Customization)

大量客製化一方面要能提供多樣化的產品給消費者，亦能同時滿足客戶的大量訂單，欲實現大量客製化；至少需具備三項產品或製程設計的能力：(1)模組化的產品設計；(2)模組化的製程設計；(3)靈活且有彈性的供應體系及顧客服務網絡。

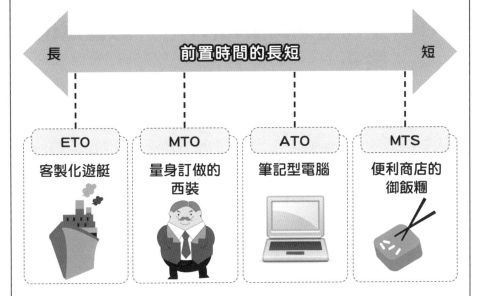

產品製造前置時間的長短

前置時間的長短

長 ←→ 短

ETO	MTO	ATO	MTS
客製化遊艇	量身訂做的西裝	筆記型電腦	便利商店的御飯糰

存貨式生產與訂單式生產之產業實例表

生產方式	存貨式生產	訂單式生產
連續生產	水泥業、石化業、汽車業、家電業、PC製造業	水泥、石化、汽車、家電、PC製造業等，都可接受大訂單或成為OEM廠
間歇生產	速食店、成衣業、印刷業	小吃店、麵攤、西裝店、影印店

知識補充站

(1) OEM(Original Extended Manufacturing；原廠延伸製造)：亦稱代客加工，委託代工受託廠商按原廠之需求與授權，依特定的條件而生產。

(2) OEB(Original Extended Brand；原廠延伸品牌)：如豐田汽車(TOYOTA vs. LEXUS)。

(3) ODM(Original Design Manufactures；原廠委託設計)：在產品設計與發展的活動上，經由高效能的產品開發速度與具競爭力的製造效能，滿足買主需求。

技術能力足夠以後，設計能力提升，進而能夠開始接案並處理設計開發的相關事務。

(4) OBM(Own Branding & Manufacturing；建立自有品牌)：發展出自有的品牌，搭配行銷企劃，往往可獲取較大的經濟利益。

Unit 1-6
生產型態與策略(III)──數量定位策略

數量定位策略(quantity positioning strategy)主要在考量生產數量與生產效率之間的平衡，使企業可以取得更有競爭力的利基，根據生產的數量及種類來區分，生產系統可分為大量生產(mass production)、批量生產(batch production)和少量訂製(jobbing production)三種。

1. 大量生產(Mass Production)

數量多，樣式少的生產型態，產品標準化程度高、產量大且品質穩定，較接近連續性生產，依生產流程區分，大量生產可分為「非流程化生產」和「流程化生產」兩種：

(1) 非流程化生產(non-flow shop)：大都為勞力密集型產業，配合機器設備進行大量生產，例如：紡織業以織布機生產或塑膠加工業以射出成型機生產，即是屬於非流程化生產。

(2) 流程化生產(flow shop)：可分為「連續性流程」和「不連續性流程」

・連續性流程：是指產品往往需要經過多部機器的製造程序才能完成生產，製程與製程間盡可能不要中斷，否則容易造成產量下降、品質不良或耗費成本等負面影響，如煉油廠或化工廠之作業多屬於此類。

・不連續性流程：是指生產程序雖不連續，但可以透過機器排列及輸送帶的配置，變成一條生產線或裝配線的流程，使之能作連續性生產，例如：汽車、一般消費性電子產品均屬之。

2. 批量生產(Batch Production)

批量的大小取決於顧客的訂單、生產成本最佳化或是配送的限制等，若是生產少樣多量、標準化程度較高且批量較大的產品，可考慮連續式生產型態，例如：一般的PC製造。一般而言，「批量生產」是指多樣少量，未標準化或部分標準化的中小批量生產而言，其生產方式主要是採間歇式生產，少部分採取專案式生產的型態，國內中小企業的外銷廠商多屬此類。

3. 少量訂製(Jobbing Production)

是指生產數量較少的訂製化生產(job shop)，又稱為「零工式生產」，專門生產種類繁多且變化很大的產品，如西裝店、修車廠、理髮廳等。訂製生產與專案生產相似之處在於數量少、具特殊性，但專案生產通常牽涉多個組織部門，動用龐大資源且需要特殊技術才能完成，其中必須整合與協調的事項既多且雜，與零工式的訂製生產有顯著的不同。

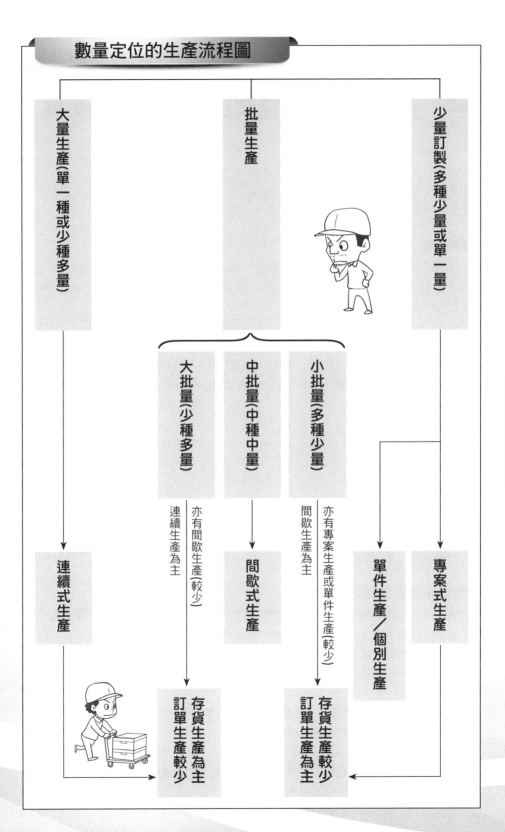

Unit **1-7**
製造業與服務業於生產管理的差異

「有純服務的行業，卻沒有純製造的行業」，這句話道盡了服務的重要性，也足以說明何以服務業愈來愈受重視。製造業是以生產有形的產品為主，服務為輔；而服務業則恰好相反，它可能也會提供有形產品，但最主要卻是其無形服務的部分。以下將針對服務業的特性進一步說明：

1. 時間性

服務業通常以滿足顧客立即性需求為主，提供服務的模式和經營的時間必須考慮客戶的作息慣性，因與顧客接觸頻率較高，所需的人力也較多；但由於提供的是無形服務居多，所以生產力往往難以衡量。

2. 不可預知性

服務業的生產作業，多數是在購買者消費的同時，產銷幾乎同步發生；其產出的同質性和一致性較低，且難以儲存，所以消費者無法預先知道該產品的功能與特性。

3. 鄰近市場性

一般而言，服務業產品的製程較為單純，其生產規模通常較小，且服務據點之規劃多以接近市場為考量。

4. 不可分離性

前場(front office)必須與顧客密切接觸，而後場(back room)則不需要和顧客直接接觸；在服務業方面由於前場需要的人較多，因此「前／後場服務比例」較製造業為高，但前後場必須搭配得宜，不可分離。

5. 服務業需求變化之週期較短

多以「天」、「週」、「月」為循環週期，例如：餐飲服務以每天用餐時段為高峰；娛樂場以週末假日生意較好，而鐵公路則是在例假日或長假較為壅塞；銀行則在每月發薪日前特別忙碌，這與製造業普遍以「季」為循環週期有別。

6. 地點侷限性

對市場性而言，多數服務業僅侷限於當地市場，所以服務業如欲擴大整體產能時，主要靠增設分店的手段來達成經濟規模。

服務業與製造業兩者有時不易判別，此時可由「產品對附加價值的貢獻度」得到解答，亦即若有形產品占整體附加價值的比例較高，則較屬製造業；若有形產品占整體附加價值的比例較低，則較屬服務業。

服務業之特性

時間性

不可分離性

服務業之特性

不可預知性

服務業需求變化之週期較短

鄰近市場

地方侷限性

製造業與服務業於生產管理的差異比較表

特徵項目 ＼ 產業別	製造業	服務業
1.產品產出	有形	無形
2.與顧客接觸頻率	較低	較高
3.勞力密集度	較低	較高
4.產品品質差異性	較小	較大
5.服務時間性	不強調	很重視
6.生產力衡量	容易	困難
7.產銷特性	先產出後銷售	產銷同時發生
8.產出同性質&一致性	較高	較低
9.儲存性	容易	困難
10.預知產品功能&特性	購買時可先預知	購買時較難預知
11.製造過程	複雜	單純
12.生產規模	較大	較小
13.地點規劃	先考慮原料產地	優先考慮市場
14.前/後場服務比例	較低	較高
15.需求變化週期	較長	較短
16.市場依賴性	不侷限當地市場	僅限當地市場
17.規模經濟達成手段	擴增產量	增設分店

Unit **1-8**
生產管理與創新的歷史進程

　　管理大師克雷頓・克里斯汀生（Clayton Christensen）曾說：「面對永無止盡的科技變革，彷彿攀登沿山丘而下的泥流，你必須永遠保持在其之上，只要停頓下來、稍喘一口氣，就會滅頂。」而生產管理與創新的歷史進程，隨著時代背景的不同而有不同的理論：

1. 1920～1960年代

・管理內涵：大量生產。

・管理及創新重點：工業生產從人力、獸力變為自動化，藉由專業分工提高每人平均產出。

・產品與典範：福特的T行車使用流線式生產。

・管理哲學與理論：泰勒(Frederick Taylor)的「科學管理原則」贏得「工業工程之父」的稱謂。

2. 1970年代

・管理內涵：成本及效率。

・管理及創新重點：爆發石油危機，省油的日本車得以風行全球。

・產品與典範：豐田式的生產管理採取接單式生產，減少不必要的零件浪費，並致力於省能源的車型開發。

・管理哲學與理論：大野耐一的及時生產(Just in Time；JIT)。

3. 1980年代

・管理內涵：品質及客戶服務。

・管理及創新重點：資本主義帶動人類財富躍進，消費者更能購買高品質產品。

・產品與典範：SONY、松下等高品質的日本家電橫掃全球市場。

・管理哲學與理論：戴明(William Deming)的全面品質管理(Total Quality Management；TQM)。

4. 1990年代

・管理內涵：速度與彈性。

・管理及創新重點：冷戰結束，全球化帶動效能更高且價格更低的科技應用成長。

・產品與典範：Intel的半導體莫爾定律，以及Dell電腦的供應鏈管理模式。

・管理哲學與理論：麥可・波特(Michael Porter)的五力競爭分析。

5. 2000年代

・管理內涵：殺手級應用。

・管理及創新重點：科技創新遠超過市場需求，企業開始進行跨領域的整合。

・產品與典範：Apple電腦、iPod將電腦音樂的下載合法化。

・管理哲學與理論：克里斯汀生的破壞性創新。

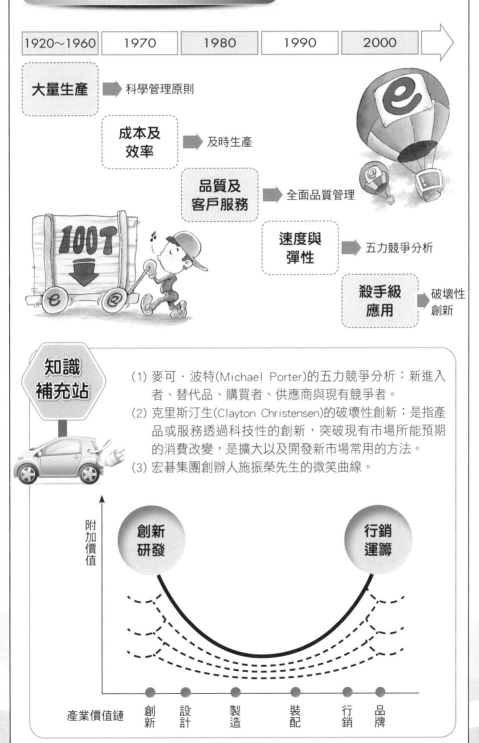

生產管理與創新的歷史進程

1920~1960	1970	1980	1990	2000

大量生產 ➡ 科學管理原則

成本及效率 ➡ 及時生產

品質及客戶服務 ➡ 全面品質管理

速度與彈性 ➡ 五力競爭分析

殺手級應用 ➡ 破壞性創新

知識補充站

(1) 麥可‧波特(Michael Porter)的五力競爭分析：新進入者、替代品、購買者、供應商與現有競爭者。

(2) 克里斯汀生(Clayton Christensen)的破壞性創新：是指產品或服務透過科技性的創新，突破現有市場所能預期的消費改變，是擴大以及開發新市場常用的方法。

(3) 宏碁集團創辦人施振榮先生的微笑曲線。

附加價值

創新研發　　　　　行銷運籌

產業價值鏈　創新　設計　製造　裝配　行銷　品牌

第 **2** 章
生產力與競爭策略

章節體系架構 ▼

Unit **2-1**
生產力及其影響因素

1. 生產力的定義

生產力(productivity)係衡量產出(產品或服務)與投入(勞工、資本、原料或其他資源)之間的關係指標，是最能直接影響競爭力的因素。

生產力衡量的公式如下：

$$生產力 = \frac{產出量}{投入量}$$

- 單項生產因素生產力＝產出／(單項投入生產因素)
- 多項生產因素生產力(multifactor productivity)＝產出／(多項投入生產因素)
- 總生產力＝產出／(所有投入生產因素)

2. 影響生產力的因素

許多因素都可能影響生產力，其中較為重要的因素有：生產方法(method)、資本(money)、機台設備(machine)、原物料(material)、製造程序(manufacturing process)、人力(man)、品質(quality)與管理(management)等。

假設有位學生使用電腦，準備完成學期報告，該學生打字速度中等，每分鐘平均可打30個字。試問：該學生如何提高打字的生產力(即每分鐘打30個字以上)？

方法是讓這位學生學習新的輸入法，以增加打字速度(改善方法)，或是購買語音辨識輸入的軟體(投入資本)，以增加打字速度。策略是擬定及建構上述幾個重要因素(如：方法、資本、設備、原物料、製程、人力、品質與管理)的過程，並確保這些因素能夠順利實施，使之成為企業對外的競爭優勢。

小博士解說

價值鏈(Value Chain)

所謂的價值鏈係指附加價值的增加，是像一條鏈子一樣，由投入端到產出端的價值累積。

價值鏈中的附加價值可分為：(1)主要作業的附加價值增加，其活動包括研發、生產、行銷、銷售、服務、品質、創新；(2)支援作業的附加價值增加，其活動包括物料管理、人力資源、組織結構等。

改進生產力的步驟

發展生產力衡量方法

採系統觀點，找出阻礙生產力的系統瓶頸

提出改善生產力的方法

嘗試建立合理的改善目標

取得管理階層的支持與鼓勵

進行生產力的提升

衡量改善績效

審視系統瓶頸是否改善

持續改善阻礙生產力的系統瓶頸

Unit **2-2**
策略管理的基本概念

1. 策略管理的定義

　　策略管理(strategic management)是藉由維持和創造組織目標、環境與資源的配合，為因應所面臨的機會和挑戰，而制定並執行策略的一套整體管理程式。

2. 策略管理三大階段

　　策略管理可以分成策略規劃、策略執行與策略控制等三個階段，策略與目標、資源和環境息息相關，需要相互適配(fit)，在此可以用策略金三角(見下圖)呈現策略管理的概念。

3. 策略管理之策略執行

　　策略規劃的結果是一套完整配套的策略計畫，有效的策略執行所面臨的是策略與組織內其他因素的適配。7-S的架構(Peters & Waterman, 1982)提供了一個思考策略執行上很好的方向，包括企業或組織內的結構、系統、風格、人員、技能、策略和共享的價值(如右頁圖)。

4. 策略管理之策略控制

　　策略執行之後是策略控制，策略控制是衡量組織的策略績效，並與目標進行比較，根據其差距所作的目標、策略計畫和實際執行行動上的修正與調整，下面將說明策略管理的程序以及修正方式。

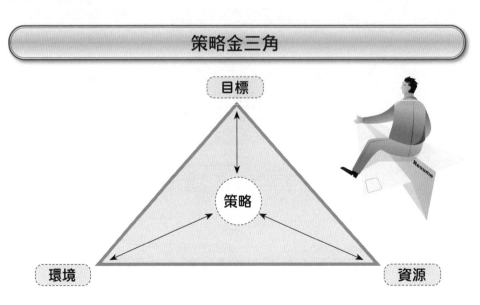

策略金三角

目標

策略

環境　　　　資源

麥肯錫公司策略執行的7-S架構

- 結構 (Structure)
- 策略 (Strategy)
- 系統 (System)
- 技能 (Skill)
- 共享的價值 (Shared Values)
- 風格 (Style)
- 人員 (Staff)

知識補充站

策略管理的程序

(1) 分析組織的願景、使命和目標。

(2) 分析內外部環境。

(3) 形成策略計劃：經過內外部環境分析，重新評估現有的使命、目標後，發展各種可行方案，選擇最適策略，形成策略計劃。此時要決定規劃期間的目標和達成目標的策略，並設計行動計劃，還要檢視與宗旨、目標是否相符合，檢查財務狀況，擬定執行計劃(即執行步驟及進度時間表等)。

(4) 執行：選擇可行方案執行。策略的執行可透過以下管道：

- ・功能政策的配合。
- ・組織結構的調整。
- ・作業流程的改變。
- ・組織文化的塑造。

(5) 評估及修正

- ・衡量績效(measure performance)：評估衡量朝向目標之執行績效。
- ・修正行動：如有必要，修正核心策略(core strategy)或細部計劃。

Unit 2-3
企業經營的使命、目標與內外部分析

1. 使命、目標與經營哲學

策略金三角的第一個角就是目標，在目標之上還有一個更大的指引原則就是使命。使命代表企業存在的根本價值，使命會影響企業所追求的目標。

(1) 一個好的使命(mission)可以提供組織以下利益：

・指出組織未來的目標與方向。

・指出組織與其他競爭性組織具有差異化的獨特核心焦點。

・使組織著重於顧客的需求，而不是自己的能耐。

・提供組織管理者在選擇策略替代方案的指引。

・提供組織管理者和全體員工一個共同的策略指引。

(2) 好的目標(objectives)要符合下列條件：

・明確性。

・書面化。

・時間特定性。

・具挑戰性。

(3) 經營哲學(philosophy)：

企業經營哲學與公司精神、企業文化，是企業全體員工行為的「環境因素」，對事業成敗甚為重要，影響深遠。正確的經營哲學產生高品質的經營決策，高品質的經營決策必然提升合理的事業目標、策略、方案、程序和辦事方法，進而強化事業的經營績效，成為經營成功的關鍵。

2. 內、外部環境分析(Internal and External Environment Analysis)

又稱為ＳＷＯＴ分析，分析組織的內部資源，指出優勢(Strength)和劣勢(Weakness)，分析組織的外在環境，指出機會(Opportunity)和威脅(Threats)。

組織內部的資源，可以用7M+1I來代表，包括材料、人員、資金、方法、機器設備、生產製造、市場以及資訊；外在的環境涵蓋面廣泛，包括經濟環境、科技環境、政府環境、社會、文化、教育、法律等皆是。

企業經營者的主要任務和目標就是要知道顧客的需求以及顧客群所在的市場，當企業制定好目標並挑選其發展策略後，必須有效地結合人力、物力、財力等資源，透過一個良善規劃的組織，以最有效率也最有效果的方式去達成。

一個成功的企業，必定會透過目標的制定和達成，持續追求利潤和成長，並使員工、股東、合作夥伴、顧客及社會全體意識到，成功企業之於大眾之價值並與之共存共榮，這是企業永續經營的價值所在。

企業內部環境、外部環境與SWOT分析

內在環境：Resource (7M + 1I)

① 材料 (Material)

② 人員 (Men)

③ 資金 (Money)

④ 方法 (Method)

⑤ 機器設備 (Machine)

⑥ 生產製造 (Manufacture)

⑦ 市場 (Market)

⑧ 資訊 (Information)

優勢
(Strength)
&
劣勢
(Weakness)

使命(Mission)

目標(Objectives)

1. 項目(要明確)
2. 期限(要說明)
3. 量化(具體化)
4. 具挑戰性(成就感)

經營哲學(Philosophy)

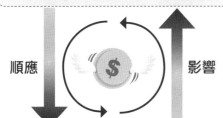

順應

影響

需滿足四條件

1. 掌握機會

2. 避開威脅

3. 發揮強勢

4. 隱藏弱點

外在環境：大環境

① 經濟環境：GNP，匯率

② 科技環境：研究發展，主流技術

③ 政府環境：政治，法律

④ 社會、文化、教育

⑤ 消費環境、產業環境、競爭環境

機會
(Opportunity)
&
威脅
(Threats)

Unit **2-4**
企業經營組織的策略(I)──公司整體策略

企業經營組織的策略可分為三個層次來看：

· 公司整體策略(corporate strategy)

· 事業單位策略(business strategy)

· 功能策略(functional strategy)

1. 公司整體策略(Corporate Strategy)亦可稱為主策略(Main Strategy)

(1) 常見的企業整體策略，有以下幾種作法：

· 穩定策略：保有市場占有率、維持既定的營運水準。

· 成長策略：內部集中型、外部集中型、垂直整合型。

· 減縮策略：消滅、撤退、附庸、清算。

· 綜合策略：經濟循環或產品生命週期 (Product Life Cycle；PLC)轉變時，兼採上述其中一或二種策略。

(2) 波士頓顧問公司所提之BCG (Boston Consulting Group) 模式亦是公司發展整體策略時可以參考模式之一。

(3) 奇異電器公司(General Electric；GE)模式

· GE之組織並非典型之集團模式(conglomerate model)。是把公司看成一個由多個業務單元組成的公司，這個公司有統一的文化、統一的財務制度、有統一的業務模式和人力資源體系，有一套統一的理念把這個業務非常廣泛的公司聚合在一起。

· 該模式乃考慮多因子投資組合矩陣的兩個構面，分別為市場吸引力(market attractiveness)和事業地位(business position)，右頁表將表示GE多因子投資組合矩陣下各方格內應採用的策略。

知識補充站

企業經營策略(Enterprise Operation Strategy)

企業經營策略是指管理公司的成長與發展，以期能獲得長期利潤的最大化。它包括企業永續的經營理念以及選擇投入參與的行業別（business）／市場（market）。

集團化公司的經營策略旨在協助公司內各事業單位（business division）建立其獨特的市場競爭力，共同達成集團的目標。

企業經營策略不必然都是持續擴張，有時候會因為市場景氣不佳、投資效益衰退或是其他競爭者的快速崛起，必須針對沒有前景甚至是對整體目標有害的事業體作出裁撤、出售或是關閉的策略。

BCG矩陣

未來市場成長率

高

明星事業
(維持與成長)

潛力事業
(建立或收割)

金牛事業
(維持與收割)

衰退事業(落水狗)
(撤退或收割)

低

高 ← 目前相對市占有率 → 低

目前相對市占有率

奇異電器多因子投資組合矩陣下的各種策略選擇

市場吸引力

高

保護競爭地位	投資以建立優勢	選擇性建立
• 在最大可能速度內進行投資以求成長 • 集中力量來維持強勢	• 以領導者挑戰 • 選擇性建立強勢 • 強化弱勢領域	• 專精於有限的強勢 • 尋求克服弱勢的方法 • 如果無法持續成長則退出

中

選擇性建立	選擇性/管理盈餘狀況	有限度的擴張或收割
• 大量投資於最具吸引力的市場 • 培植對抗競爭實力	• 保護現行計劃 • 集中投資在獲利性高而風險低的市場	• 尋找風險低的擴展機會，否則減少投資，加強作業合理化

低

保護並加強集中力量	維持盈餘狀況	撤資
• 專注於目前的盈餘 • 防衛本身的強勢	• 保護最具獲利力的市場地位 • 產品線升級	• 早日結束以最高現金價值出售 • 刪減固定成本不投資

強　　　　　　中　　　　　　弱

事業地位

029

Unit **2-5**

企業經營組織的策略(II)——事業單位策略及功能策略

2. 事業單位策略(Business Strategy)

Michael (1980)認為，所有的事業單位策略在進行競爭時，所使用的策略大概可分為三種基本的策略型態：

(1) 成本領導策略(cost leadership strategy)：是指透過經驗曲線效率的追求來取得最低成本，並由低廉的價格來獲得競爭優勢。

(2) 差異化策略(differentiation strategy)：透過塑造產品／服務的獨特性，造成競爭者的有利差異。此差異可由產品設計、技術、產品特性、配銷通路或顧客服務來達成。

(3) 集中策略(focus strategy)又稱利基策略(niche strategy)：將有限的資源集中於某一特定區隔上。

另外一個事業單位策略的架構是Igor Ansoff(1957)的產品／市場矩陣(product/market matrix)。此種方法係取產品與市場兩個變數，來劃分出以下四種事業單位策略的替代方案，如右表所示：

(1) 市場滲透策略(market-penetration strategy)：用積極的行銷活動，誘使顧客使用更多的數量。例如：黑人牙膏

(2) 市場發展策略(market-development strategy)：將現有的產品打入新開發的市場中。例如：嬌生嬰兒洗髮精

(3) 產品發展策略(product-development strategy)：在現有的市場上，發展新產品或推出新形象來增加銷售量。例如：筆記型電腦增加許多附加功能或是外觀變換造型與顏色。

(4) 多角化策略(diversification strategy)：開發新的產品進入新的市場。例如：統一公司開發另一家公司統力電池。

3. 功能策略(Functional Strategy)

完整的功能策略包括支持事業單位策略下之行銷策略、生產策略、人力資源策略、財務策略以及研究發展策略等，不同的企業屬性有著不同的功能策略部門。

以行銷策略為例，包括有：

(1) 目標市場策略：決定整合行銷活動所要針對的目標市場。

(2) 產品定位策略：是指行銷管理人員為了要在消費者心中建立與其他競爭品牌不同的形象，而使消費者瞭解組織的產品與競爭對手產品之差異而做的努力。

(3) 行銷組合：行銷組合包括四個Ps，產品(Product)、通路(Place)、推廣(Promotion)和定價(Price)

產品／市場矩陣

市場＼產品	現有產品	新產品
目前市場	市場滲透策略	產品發展策略
新市場	市場發展策略	多角化策略

企業策略規劃由上往下展開之藍圖

SWOT分析

總公司策略(主策略有四)

1. 穩定策略
2. 成長策略：內部集中、外部集中、垂直整合
3. 減縮策略：削減、撤退、附庸、清算
4. 綜合策略：經濟循環或PLC轉變期時兼採上述一或二種策略

SBU策略(Strategy Business Unit策略性單位)

功能策略

行銷	財務	生產	人事	研發

作業策略

策略程序　　**策略內容**

決策領域　　**競爭優勢**

Unit **2-6**
企業經營的競爭策略及優先順序

1. 意義

自1969年Skinner於Harvard Business Review發表"Manufacturing missing link in corporate strategy"之後，製造策略(作業策略)的發展始獲得重視。作業策略(operation strategy)又名生產策略(production strategy)，它是一種生產作業功能的長程規劃，其目的是將生產資源有效支援公司的競爭策略。

2. 競爭優勢(Competitive Advantage)

從作業管理達成競爭優勢的三種手段，包括：

(1) 差異化策略：是在同一價格之下，提供顧客功能較佳、品質等級較高或售後服務更好的產品，使消費者在心理上感受到更有價值而樂於購買。

(2) 低成本策略：低成本絕並不意味低功能或低價值，而是在維持功能或價值不變的前提下，尋求更低的生產作業成本。

(3) 快速回應策略：對於市場的任何變動都能迅速反應，並且兼顧彈性與信賴度(flexibility and reliability)。例如：市場需要功能性較強的礦泉水，廠商可以調整生產線與排程，在最短時間內製造出同級的產品上市。

3. 競爭優先順序(Competition Priority)

可定義為「對製造而言，是目標的一貫組合」。在競爭優先順序的適當組合之下，發現此優先順序近似於策略性的決策領域。綜而言之，產生下列六個競爭優先順序：

(1) 成本 指低成本產品之生產與分配，由於價格減成本等於利潤，所以價格、成本、利潤是一體三面，在企業整體可同時操控這三個變項，但生產管理者所能掌控的部分卻只有成本，包括各項原料和在製品的直接成本與間接成本之控制。

(2) 品質 生產過程及品質合乎顧客所要求，且願意購買，並不是指最佳品質的產品。當然，不良率愈低或不良品愈少，則生產績效愈佳。此外，「生產正確的數量交給顧客」，是最低限度的品質要求，因此「數量」可被廣義的品質所涵蓋。總之，以高品質和績效標準從事產品製造，是競爭致勝的關鍵。

(3) 彈性 現代經營環境瞬息萬變，能否保持適度的彈性以應付動盪的產業或激烈的競爭，已成為新的指標。一般而論，彈性包括以下兩種：
· 產品組合彈性：對產品製造形式之改變反應迅速。
· 產量彈性：對特定產品組合之產量的改變迅速。

(4) 交貨績效 對於顧客的訂單務必要準時交貨，早交或晚交都不宜，因為提前交貨會占用顧客的倉儲空間，顧客多不願接受；而延遲交貨則要依合約負賠償之責。交貨績效又可分為「交貨的相依性」和「交貨速度」兩方面：
· 交貨相依性：符合交貨排程或承諾。
· 交貨速度：對顧客訂單之反應迅速。

(5) 創新 新產品與新製程之介紹。

(6) 時間 以時間為基礎的競爭優勢。

知識補充站

· 專精企業(lean enterprise)：生產技術和設備不斷的改良，促使工業不斷的進步，許多公司正著手於採用專精生產(lean production)的技術，提升生產效率。所謂專精生產係指簡化多餘的生產步驟，大幅減少浪費，使生產流程和人力能持續改善，對於消費者的需求也能更具彈性的滿足。

· 虛擬企業(virtual enterprise)：許多跨國性企業嘗試將生產基地分散於世界各地，運用外在的資源和供應夥伴優異的生產能力，在無須真正擁有實體設備或廠房的情況下，仍舊可以持續生長，虛擬企業反應著數位時代的快速化以及全球化，由於新的需求快速成長，利用夥伴彼此的能力，跨國結合成團隊，進而創造出更多的商機。

小博士解說

以時間為基礎的競爭優勢有以下六大類：
(1) 「設計規劃」時以時間為競爭優勢(Time-Based Design & Planning；TBDP)：電腦輔助設計(Computer Aided Design；CAD)、同步工程(Concurrent Engineering；CE)、設計配合製造(Design for Assembly；DFA)……等方式來達成縮短規劃設計時間。
(2) 「採購」時以時間為競爭優勢(Time-Based Purchasing；TBP)：用供應鏈管理(Supply Chain Management；SCM)、電子資料交換(Electronic Data Interchange；EDI)等方式加速採購的進行。
(3) 「製造」時以時間為競爭優勢(Time-Based Manufacturing；TBM)：以電腦輔助製造(Computer Aided Manufacturing)、群組技術(Group Technique)、彈性製造系統(Flexibility Manufacturing System；FMS)等技術來縮短製造時間。
(4) 「設置」時以時間為競爭優勢(Time-Based Set-up；TBS)：利用快速換模(Single Minute Exchange of Die；SMED)、內整備(internal set-up)改為外整備(external set-up)作業、減少調整作業等方式來加速換線。
(5) 「配送」時以時間為競爭優勢(Time-Based Distribution；TBD)：以物流為中心、自動倉儲等方式來提高配銷及運送的績效。
(6) 「客戶回應」時以時間為競爭優勢(Time-Based Client Response；TBCR)：建立專責的客戶服務中心及成立危機處理小組，以因應一般性的服務與突發性的重大事件。

Unit **2-7** 企業經營之決策模式(1)——不確定模式下的決策

　　企業的發展經營與例常的生產管理都需要進行各項決策，舉凡產能規劃、產品與服務設計、設備選擇、廠址規劃和訂單排序等，企業在進行決策時有下列特點：

(1) 考量影響決策結果的攸關條件(例如：未來需求、投資金額、地點選擇、設備挑選)。

(2) 管理者會尋找數個可行的替代方案以供評選。

(3) 在攸關條件下，每個替代方案的報酬均為已知。

(4) 盡可能評估每個攸關條件發生的可能性。

(5) 根據某些決策標準，如：最大利潤或最小損失，來選擇最佳方案。

報酬表

替代方案	可能的未來需求		
	低	中	高
小型投資方案	$50,000	$50,000	$50,000
中型投資方案	$35,000	$60,000	$60,000
大型投資方案	–$20,000	$10,000	$80,000

　　「不確定性」是指決策者僅知道各個替代方案的預期報酬，但是對於未來事件的發生或然率(機率)無法掌握，在這樣的條件下，有三種決策方式可供決策者選擇：

　　(1) 最小值中取最大值(maximin)，係指先求出每一種替代方案可能的最差報酬，然後在這些最差的報酬中求取最大報酬之替代方案。(較為保守)

方案評估結果：選擇進行小型投資方案

替代方案	可能的未來需求			步驟一 各個方案的最小報酬	步驟二 從最小報酬中挑選最大報酬
	低	中	高		
小型投資方案	$50,000	$50,000	$50,000	$50,000	$50,000
中型投資方案	$35,000	$60,000	$60,000	$35,000	–
大型投資方案	–$20,000	$10,000	$80,000	–$20,000	–

　　(2) 最大值中取最大值(maximax)，係指在先求算每一種替代方案之最大可能的報酬，然後在這些最大報酬中，選取最大報酬之替代方案。(較為樂觀)

方案評估結果：選擇進行大型投資方案

替代方案	可能的未來需求			步驟一	步驟二
	低	中	高	各個方案的最大報酬	從最大報酬中挑選最大報酬
小型投資方案	$50,000	$50,000	$50,000	$50,000	--
中型投資方案	$35,000	$60,000	$60,000	$60,000	–
大型投資方案	–$20,000	$10,000	$80,000	$80,000	$80,000

(3) 拉布拉斯法(Laplace)，係指先求出每一種替代方案之平均報酬，然後選取最大平均報酬之替代方案。(較為客觀)

方案評估結果：選擇進行中型投資方案

替代方案	可能的未來需求			步驟一	步驟二
	低 (1)	中 (2)	高 (3)	算出各方案的平均報酬 (4)=[(1)+(2)+(3)]/3	從平均報酬中挑選最大報酬
小型投資方案	$50,000	$50,000	$50,000	$50,000	–
中型投資方案	$35,000	$60,000	$60,000	$51,666.67	$51,666.67
大型投資方案	–$20,000	$10,000	$80,000	$23,333.33	–

(4) 赫維茲準則(Hurwitz)，對最佳與最劣的狀況各取一個加權值α，α值視決策者的樂觀程度而定，赫維茲係數可用以下公式計算得之。

$$H = \alpha \times (最佳狀況發生的報酬) + (1-\alpha)(最劣狀況發生的報酬)$$

(a) 假設α為0.7
方案評估結果：選擇進行中型投資方案
H_1 (小型投資方案) $= 0.7 \times 50,000 + 0.3 \times 50,000 = 50,000$
H_2 (中型投資方案) $= 0.7 \times 60,000 + 0.3 \times 35,000 = 52,500$
H_3 (大型投資方案) $= 0.7 \times 80,000 + 0.3 \times (-20,000) = 50,000$
(b) 假設α為0.3
方案評估結果：選擇進行小型投資方案
H_1 (小型投資方案) $= 0.3 \times 50,000 + 0.7 \times 50,000 = 50,000$
H_2 (中型投資方案) $= 0.3 \times 60,000 + 0.7 \times 35,000 = 42,500$
H_3 (大型投資方案) $= 0.3 \times 80,000 + 0.7 \times (-20,000) = 10,000$

Unit **2-8**
企業經營之決策模式(II)——風險模式下的決策及決策樹

當狀態出現的機率可以加以估計(這些狀態是相互排斥,且涵蓋所有情況,故其機率之和為1),企業做決策時,廣泛使用的方法是貨幣期望值標準(expected monetary value criterion)。計算出每個替代方案之期望值,並選擇其中最大的期望值。期望值是每個替代方案的報酬,以其特性狀態的機率為權重,然後求其總和而得。

	可能的未來需求		
	低	中	高
機率 替代方案	**0.30**	**0.50**	**0.20**
小型投資方案	$50,000	$50,000	$50,000
中型投資方案	$35,000	$60,000	$60,000
大型投資方案	−$20,000	$10,000	$80,000

計算各個方案的期望值如下:

(1) 小型投資方案之期望值＝0.30 ($50,000)＋0.50 ($50,000)＋0.20 ($50,000)＝$50,000

(2) 中型投資方案之期望值＝0.30 ($35,000)＋0.50 ($60,000)＋0.20 ($60,000)＝$52,500(選擇期望值最大的中型投資方案)

(3) 大型投資方案之期望值＝0.30 (−$20,000)＋0.50 ($10,000)＋0.20 ($80,000)＝$15,000

上述問題,亦可使用決策樹的方式來表達,決策樹是一種圖解式替代方案的表徵,它提供決策者替代方案可能的結果;其狀像棵樹,故稱為決策樹。

小博士解說

效用期望

在風險性決策模式下,可以採極大化期望效用(expected utilty)。如果想要用效用作為測量的工具,決策者必須發展出效用曲線(utility curve)。一般而言,效用值依決策者的個性分為風險規避者(risk avoider)、風險中立者(risk neutral)以及風險追求者(risk seeker)三大類,因而得出三條不同的效用曲線。

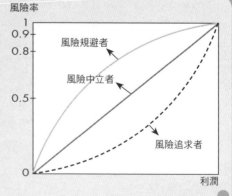

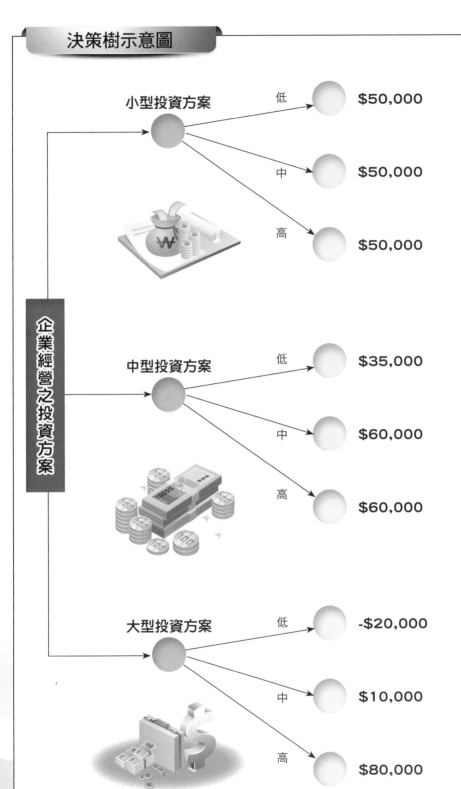

決策樹示意圖

小型投資方案　低　$50,000

中　$50,000

高　$50,000

企業經營之投資方案

中型投資方案　低　$35,000

中　$60,000

高　$60,000

大型投資方案　低　-$20,000

中　$10,000

高　$80,000

第 **3** 章

預　測

章節體系架構 ▼

Unit **3-1**
企業經營預測的基礎與工具

預測(forecasting)是運用方法或工具來推估未來可能發生的事件。一般而言,多以現況或採集歷史數據來推估未來。有人說,預測只是對未來的主觀或直覺的預期,但近年來,由於網際網路的興起以及大數據分析的推波助瀾,事實上,預測已經可以用科學的理論和方法來預計、推測事物發展的必然性和可能性的行為。

經營預測(business forecasting)是指根據企業現有的經濟條件和掌握的歷史資料以及客觀事物的內在聯繫,對企業生產經營活動的未來發展趨勢及其狀況所進行的預計和推算,它是企業制定發展規劃、進行決策的依據。

1. 總體投資環境的掌握與規劃

環境解析技術:企業使用環境解析技術是先對市場進行調查分析,再依據企業所在行業的整體發展現狀和未來發展趨勢進行評估預測,以作為企業營運決策的重要參考基礎。

2. 經營策略之先期規劃與預測

標竿制度(benchmarking):對企業所有能衡量的東西給出一個最佳值,並將企業活動與最佳值作比較,進而提出行動方法。以選擇的標竿對象不同,分為以下三種類型:

(1) 內部標竿:以企業內部績效最佳的部門為標竿。

(2) 外部標竿:以企業所在產業中,績效最好的作為標竿。

(3) 不分產業別:以績效最好的公司為標竿(可能是世界級的公司)。

3. 企業預算的預測方式

預算技術(budgeting)可分為如下:

(1) 增量預算(Incremental Budget):又稱調整預算方法,是指以基期成本費用為基礎,結合預算期業務量及可能影響成本的因素變動情況,透過調整原有費用項目而編制預算的一種方法。

(2) 零基預算(Zero-base Budgeting;ZBB):又稱零底預算,是指不考慮基期的費用,將所有的項目完全歸零,以零為起點,考慮各費用項目的必要性,並重新編製預算。

(3) PPBS (Programming & Planning Budgeting System):將預算建立在完美的計劃上,曾風行一時,但漸不被採用,因企業往往無法提供所謂完美的計劃,此方法適用於專案研究。

(4) 資本預算(Capital Budget):又稱建設性預算或投資預算,是指企業為了更好的發展、獲取更大的報酬,而作出的資本支出計劃。以下介紹三種方法:

①淨現值法(Net Present Value；NPV)：投資所產生的未來現金流量的折現值與項目投資成本之間的差值。

・淨現值＝未來報酬總現值－建設投資總額

・淨現值指標的決策標準是：

NPV＞0接受該項目；NPV＜0放棄該項目；如果有多個互斥的投資項目相互競爭，選取淨現值最大的投資項目。

②還本期法(Payback Method)：將投資項目的預計投資回收期與要求的投資回收期進行比較，確定投資項目是否可行。回收期法的計算公式如下：

・當每年現金淨流入量相等時

回收期＝初始投資／年現金淨流入量

・當每年現金淨流入量不相等時

回收期＝短於回收期最高年限＋(初始投資－短於回收期最高年限累計現金淨流入量)／(長於回收期最低年限累計現金淨流入量＋短於回收期最高年限累計現金淨流入量)

③內部收益率法(Internal Rate of Return；IRR)：是用內部收益率來評價項目投資財務效益的方法。

4. 產能及生產預測

企業可使用以下方法預知產能：

(1) 排程技術(scheduling)。

(2) 損益平衡點(Break Even Point；BEP)：通常是指全部銷售收入等於全部成本時的產量。公式如下：

・按實物單位計算：盈虧平衡點＝固定成本／(單位產品銷售收入－單位產品變動成本)

・按金額計算：盈虧平衡點＝固定成本／(1－變動成本／銷售收入)＝固定成本／貢獻收益率

(3) 計量模式(quantitative model)。

5. 績效管理

可用目標管理(Management by Object；MBO)來管控：

(1) Top-down (由上而下的目標管理法)。

(2) Bottom-up (由下而上的目標管理法)。

6. 產品生命週期預測

可用時間管理(time management)來做預測。

Unit 3-2
預測的目的以及優良預測所需具備的條件

1. 預測的目的

　　預測是一門用來提早判斷未來事件的學科，有助於使用者、經營者或決策者推估對未來發生事件的判斷力，預測工作包含蒐集過去的歷史數據，並使用數學或是模擬的方式進行，具體的目的是在協助管理者規劃營運系統並幫助管理者進行決策。

2. 預測時間水平

　　一般而言，預測的時間水平，短期預測為一年以內，中期預測為三年左右，長期預測為五年以上。由於現在產品生命週期大幅縮短，短期預測可能會依行業別或產品別縮減至一季，中期預測縮減至一年左右，長期預測則縮減為二年以上。

3. 產品生命週期(Product Life Cycle；PLC) vs.預測

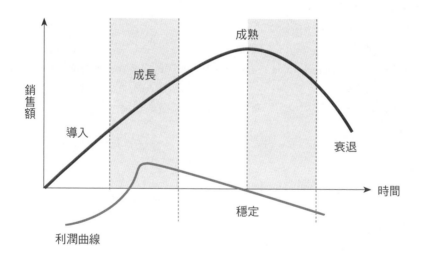

　　(1) 針對不同階段的PLC，適用以下之預測技術：
　　‧導入期：定性預測方法。
　　‧成長期：迴歸分析、趨勢分析。
　　‧成熟期：迴歸分析。
　　‧衰退期：迴歸分析。
　　(2) 不同階段的PLC之企業經營：
　　‧導入期：推銷、廣告、產品試用。
　　‧成長期：加強服務、加強品質、提高滿意度。

- 成熟期：擴大銷售層面、由顧客端瞭解需求以求改進、考慮新市場。
- 衰退期：增進產品可靠度、降低生產成本、重新設計、改變包裝。

4. 預測之步驟

(1) 決定預測目標(choosing the forecasting target)。

(2) 選擇預測項目(item of forecasting)。

(3) 決定時間水平(time horizon)。

(4) 選擇預測模式(selecting model)。

(5) 蒐集所需資料(collect data)。

(6) 進行預測工作(making the forecasting)。

(7) 評估預測結果(validate the results)。

5. 預測的共通性

(1) 預測絕少完美，必然少不了誤差。

(2) 多數的預測技術均假設穩定性存在於系統內，亦即過去的因果現象未來將持續存在。

(3) 從宏觀與微觀的角度雙管齊下，可平衡預測之過猶不及。

(4) 群體預測較個體預測更為準確。

(5) 隨著時間增加，預測精準度將逐漸降低。

6. 優良預測所需具備的條件

(1) 及時性：預測需考慮及時性，在決策期限內做出預測，以供決策者做後續產能規劃、存貨控制或是投資方案的判斷依據。

(2) 正確性：預測必須具備相當的正確性，如果誤差太大，則必須考慮是否應該改用其他種類的預測方法。

(3) 可靠性：預測必須講求可靠性，預測方法隨著時間的經過，仍然合宜適用。

(4) 意義性：計量單位因預測使用者而異，不同的單位對預測者的意義也有所不同。

(5) 書面化：預測的結果應可用書面報告說明。

(6) 簡易性：複雜的方法未必是好方法，只要能夠達到預測的精確度，預測方法以簡單易懂為佳。

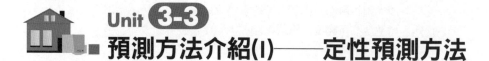

預測方法介紹(I)──定性預測方法

　　定性預測法是以判斷和意見為主的預測法,可參考歷史資料、內部或外部專家的意見,或者有歷史資料但無法量化者,均適用定性預測方法。以下介紹六種定性預測方法:

1. 消費者調查法(購買者意向調查法)

　　企業針對產品在不同的生命週期,都希望能夠探知消費者的購買意向或是使用後的經驗,以便能夠及時調整產品及銷售策略,常用的方法包括問卷、訪談或是抽樣調查,在缺乏歷史數據的情況之下,這樣的方法可以取得數據資訊並做出市場預測。

2. 銷售力組合法(Sale-force Mix)

　　銷售或業務人員是每一家公司與客戶或潛在消費者接觸最頻繁的人員,因此,對於市場的需求以及預測判斷的敏銳度往往也最高,本預測方法即是透過詢問並評估營業員或推銷人員的意見,作為企業對於未來市場的推估和判斷。

3. 主管意見法

　　此方法是藉由蒐集公司內部專家或高階經營層的經驗與直覺,通常諮詢的對象多為一個人以上,包括財務、行銷、研發、銷售經理等高階主管,將所有參與者未來銷售的預測值予以平均,以作為對未來市場及銷售的推估。

4. 外部專家法

　　企業長期專注本業,對自身的經營最熟悉,掌握度也最高,但對於外部產業的變化,有時仍需借重諮詢外部顧問或專家的意見,作為未來市場預測的參考依據。

5. 歷史類推法

　　企業根據過去所發生的事件、數據或經驗來預測未來可能發生的狀況。

6. 德爾菲法(Delphi Method)

　　德爾菲法又稱為專家意見調查法,是一種採用通訊的方式,分別將想要瞭解的問題發到專家手中,經由徵詢眾多專家的意見後,回收彙總全部專家的意見,整理出綜合意見,有時候為提高準確度,會將第一階段所彙整的綜合意見提供給專家,然後再實施第二個階段的問卷,反覆使用問卷的結果,可使預測漸趨準確。

定性預測方法範例介紹

定性預測不需要高度的統計手法求算，而是以市場調查為基礎，透過決策者的經驗和價值進行預測，在此介紹兩個常用的方法，一為由上而下進行決策的主管意見法；二為由下而上作決策的銷售力組合法(或稱銷售人員意見法)。

1.主管意見法

市場	銷售量(件／年)	主管意見	預估銷售量(件／年)
A	100,000	A市場成長力道趨緩，近年來銷售量持平，應採保守觀望的策略。	100,000
B	80,000	B市場政治經濟穩定，政府對於產業釋出多項利多政策，應採積極布局的策略。	150,000
C	150,000	C市場競爭激烈，產品的銷售量雖有小幅上升，但利潤逐漸降低，應採逐步減量，品質和附加價值提升的策略。	120,000

2.銷售力組合法(銷售人員意見法)

銷售員	市場	銷售量(件／年)	預估成長或衰退*	銷售量×成長or衰退係數	A、B、C三市場平均預估銷售量
1	A	100,000	1	100,000	A市場平均預估銷售量
	B	80,000	1.2	96,000	$= \dfrac{100,000 + 90,000 + 80,000}{3}$
	C	150,000	0.8	120,000	$= 90,000$ (略減)
2	A	100,000	0.9	90,000	B市場平均預估銷售量
	B	80,000	1.5	120,000	$= \dfrac{96,000 + 120,000 + 96,000}{3}$
	C	150,000	0.6	90,000	$= 104,000$ (成長)
3	A	100,000	0.8	80,000	C市場平均預估銷售量
	B	80,000	1.2	96,000	$= \dfrac{120,000 + 90,000 + 150,000}{3}$
	C	150,000	1	150,000	$= 120,000$ (衰退)

*大於1代表成長，小於1代表衰退，等於1代表持平，銷售員預估合計應等於3。

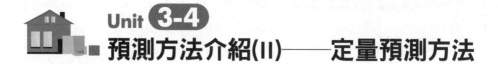

Unit 3-4
預測方法介紹(II)——定量預測方法

時間數列分析 (time series analysis)：定量法之一

時間數列分析者必須關注時間數列的基本行為，任何一個時間數列均可分解 (decomposition) 為五個部分：

- **長期趨勢 (long-range trend；T)**。

- **循環變動 (cycle variation；C)**。

- **季節變動 (seasonal variation；S)**。

- **隨機變動 (random variation；R)**。

- **不規則的變動 (irregular variations；I)**

在定量預測方法中，可分為三大類，第一類統稱為平均法；第二類為季節指數預測法；第三類為綜合評估法，分述如下：

1.平均法

(1) 自然推論法 (naïve forecasting)

(2) 移動平均預測法 (moving average forecasting)

(3) 加權移動平均預測法 (weight moving average forecasting)

(4) 指數平滑預測法 (exponential smoothing forecasting)

(5) 趨勢調整指數平滑預測法 (trend-adjusted exponential smoothing forecasting)

2.季節指數預測法

(詳見Unit 3-8)

3.綜合評估法

(1) 焦點預測法 (focus forecasting)：同時使用多種預測技術，採用最近且預測效果最佳的作為本期的預測方法。

(2) 複合預測法 (combination forecasting)：使用不同的預測方法做預測，取其平均為預測值。

定量預測法(時間分析圖)

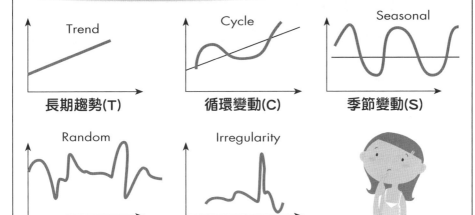

長期趨勢(T)　　　　循環變動(C)　　　　季節變動(S)

隨機變動(R)　　　　不規則的變動(I)

• 需求型態

將歷史銷售資料與時間展開成一張圖，可以呈現時間數列的變化

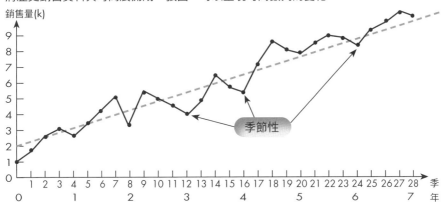

季節性

• 穩定曲線(Stable curve)與動態曲線(Dynamic curve)

需求者波動不大呈現出穩定曲線，但需求變化大則曲線呈現較為波動。

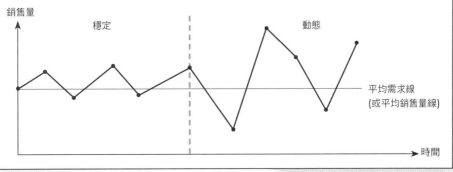

Unit 3-5
預測方法介紹(III)──自然推論預測法及移動平均預測法

1. 自然推論預測法(Naive Forecasting)

以前期的實際值作為下一期的預測值，假若 F_t 代表第 t 期的預測值，A_{t-1} 代表第 t-1 期的實際值，此預測方法為 $F_t = A_{t-1}$ (即第 t 期的預測值等於第 t-1 期的實際值)。

範例

已知第1期到第5期的實際銷售量，請利用不同的方式預測第6期的銷售量？

期別	實際銷售值	第6期的預測銷售量
1	20	
2	25	
3	22	
4	38	
5	30	
6		F_6

說明：

期別	實際銷售值	第6期的預測銷售量
1	20	
2	25	
3	22	
4	38	
5	30	
6		30

$F_6 = A_5 = 30$

公式 $F_t = A_{t-1}$，欲預測第6期的銷售量 (F_6)

$F_6 = A_{6-1} = A_5 = 30$ (等同於第5期的實際值)

2. 移動平均預測法(Moving Average Forecasting)

以n作為移動的期數；$n = 4$代表以預測目標往前上溯4期作為預測的基準；n愈大，愈平滑，n愈小，愈敏感，此預測方法為：

$$F_t = \left(\sum_{t=1}^{n} A_t \right) \Big/ n$$

補充說明：

所謂的前4期作為預測的基準，是以所欲預測的目標(第6期)，依序往前推算4期，即為第5期、第4期、第3期及第2期的平均銷售量作為第6期的預測值；因此，若$n = 3$，代表以前3期(第5期、第4期及第3期)的平均銷售量，作為下一期的預測值。

範例

已知第1期到第5期的實際銷售量，請利用不同的方式預測第6期的銷售量？

期別	實際銷售值	第6期的預測銷售量
1	20	
2	25	
3	22	
4	38	
5	30	
6		F_6

說明：

期別	實際銷售值	第6期的預測銷售量
1	20	
2	25	
3	22	
4	38	
5	30	
6		28.75

$F_6 = (A_2 + A_3 + A_4 + A_5)/4$
$= (25 + 22 + 38 + 30)/4$
$= 28.75$

Unit **3-6**
預測方法介紹(IV)——加權移動平均法及指數平滑預測法

3. 加權移動平均法 (Weight Moving Average；WMA_n)

以 n 作為移動的期數，$n = 4$ 代表以預測目標往前上溯4期作為預測的基準，離預測期別愈接近的，權重愈大，假設權重分別為0.4、0.3、0.2、0.1，此預測方法為：

$$F_t = \left(\sum_{t=1}^{n} W_t \times A_t \right) \Big/ \left(\sum_{t=1}^{n} W_t \right)$$

範例

已知第1期到第5期的實際銷售量，請利用不同的方式預測第6期的銷售量？

期別	實際銷售值	權重	第6期的預測銷售量
1	20		
2	25	0.1	
3	22	0.2	
4	38	0.3	
5	30	0.4	
6			F_6

說明：

期別	實際銷售值	權重	第6期的預測銷售量
1	20		
2	25	0.1	
3	22	0.2	
4	38	0.3	
5	30	0.4	
6			30.3

$F_6 = 25 \times (0.1) + 22 \times (0.2) + 38 \times (0.3) + 30 \times (0.4) = 30.3$

4. 指數平滑預測法(Exponential Smoothing Method;ESM)——簡單型

$$F_{t+1} = F_t + \alpha (A_t - F_t)$$

或 $F_t = F_{t-1} + \alpha (A_{t-1} - F_{t-1})$

A_t:代表第 t 期的實際值
F_t:代表第 t 期的預測值

α 平滑指數

$(0.1 \leq \alpha \leq 0.5)$

α↑,代表愈敏感
α↓,代表愈平滑
$\alpha = 1$,則ESM會變成Naive法

 方法1

步驟1→先由 α 決定期數 n: $n = \dfrac{2}{\alpha} - 1$

步驟2→第一個預測值,先用移動平均法求出。

步驟3→第二個預測值,用第一個預測值搭配ESM求出。

已知 $\alpha = 0.5$, $n = (2/0.5) - 1 = 3$

期別	實際銷售值	預 測 值
1	20	
2	25	(20 + 25 + 22) / 3 = 22.33 作為第一個預測值
3	22	
4	38	$F_4 = 22.33$
5	30	$F_5 = F_4 + \alpha (A_4 - F_4) = 22.33 + 0.5 (38 - 22.33) = 30.165$
6		$F_6 = F_5 + \alpha (A_5 - F_5) = 30.165 + 0.5 (30 - 30.165) = 30.0825$

 方法2

$$F_t = F_{t-1} + \alpha (A_{t-1} - F_{t-1})$$

步驟1:取第一期 A_1,作為第一期 F_1
步驟2:F_2 則利用 F_1 配合ESM,依序求出

引前例,說明如下:

期別	實際銷售值	F_t　　　　　　　　　　　　　　　　$\alpha = 0.5$
1	20 - - - - - - - →	$F_1 = 20$
2	25	$F_2 = 20 + 0.5 (20 - 20) = 20$
3	22	$F_3 = 20 + 0.5 (25 - 20) = 22.5$
4	38	$F_4 = 22.5 + 0.5 (22 - 22.5) = 22.25$
5	30	$F_5 = 22.25 + 0.5 (38 - 22.25) = 30.125$
6	?	$F_6 = 30.125 + 0.5 (30 - 30.125) = 30.0625$

Unit 3-7
預測方法介紹(V)──趨勢調整指數平滑法

5. 趨勢調整指數平滑法(Trend-adjusted Exponential Smoothly)

所謂的趨勢調整指數平滑法又可稱為雙指數平滑預測法，主要是利用兩個參數 S_t 和 T_t 來進行時間序列的預測；S_t 代表第 t 期的指數平滑調整值，T_t 代表第 t 期的趨勢調整值，TAF_t 代表第 t 期的預測值。為了方便進行預測工作，第一期的預測值 $TAF_1 = 18$ 以及第一期的趨勢調整值 $T_1 = 0$ 均視為已知條件。

方法

$$TAF_t = S_t + T_t$$
$$S_t = TAF_1 + \alpha (A_t - TAF_t)$$
$$T_t = T_{t-1} + \beta (TAF_t - TAF_{t-1} - T_{t-1})$$

範例

在此假設 $\alpha = 0.3$，$\beta = 0.5$

期別	實際銷售值	$TAF_t = S_t + T_t$	$S_t = TAF_1 + \alpha (A_t - TAF_t)$	$T_t = T_{t-1} + \beta (TAF_t - TAF_{t-1} - T_{t-1})$
1	20	$TAF_1 = 18$ (已知)	$18 + 0.3 (20 - 18) = 18.6$	0 (已知)
2	25	$TAF_2 = 18.6 + 0 = 18.6$	$18.6 + 0.3 (25 - 18.6) = 20.52$	$0 + 0.5 (18.6 - 18 - 0) = 0.3$
3	22	$TAF_3 = 20.52 + 0.3 = 20.82$	$20.82 + 0.3 (22 - 20.82) = 21.174$	$0.3 + 0.5 (20.82 - 18.6 - 0.3) = 1.26$
4	38	$TAF_4 = 21.174 + 1.26 = 22.434$	$22.434 + 0.3 (38 - 22.434) = 27.1038$	$1.26 + 0.5 (22.434 - 20.82 - 1.26) = 1.437$
5	31	$TAF_5 = 27.1038 + 1.437 = 28.5408$	$28.5408 + 0.3 (30 - 28.5408) = 28.97856$	$1.437 + 0.5 (28.5408 - 22.434 - 1.437) = 3.7719$
6	?	$TAF_6 = 28.9785 + 3.7719 = 32.75046$	—	—

各個不同生產階段所需進行的預測工作分類圖

產業類別	採購	零組件製造	成品組裝	儲存、配銷、運送
1. 專案式生產* 101大樓、高鐵、國家音樂廳、客製化遊艇				
2. 訂單式生產 量身訂做的西裝	← 預測所需的原物料 →			
3. 接單後組裝 筆記型電腦	← 預測所需的原物料及部分交期較長的零組件 →			
4. 存貨式生產 便利商店的御飯糰	← 預測所需的原物料、部分交期較長的零組件以及完成成品所需的所有物料（例如：包裝材料、標籤、貼紙等） →			

* 專案式生產一般而言較不仰賴預測，較重視專案的完工時程、預算控管、產品品質；後續的維護保養或售後服務。

Unit 3-8
預測方法介紹(VI)──季節指數法

6. 季節指數法(Seasonal Indexes)

範例

利用已知的銷售額，求迴歸方程式 $y = a + bx$。

步驟 1：求2015年的總預測銷售額？(單位：萬元)

年度 季別	2010	2011	2012	2013	2014
1	70,000	80,000	80,000	90,000	100,000
2	130,000	160,000	180,000	200,000	210,000
3	160,000	170,000	180,000	210,000	220,000
4	100,000	120,000	140,000	160,000	180,000
合計	460,000	530,000	580,000	660,000	710,000

年度	X	Y	XY	X^2
2010	-2	46	−92	4
2011	-1	53	−53	1
2012	0	58	0	0
2013	1	66	66	1
2014	2	71	142	4
合計	$\sum X = 0$	$\sum Y = 294$	$\sum XY = 63$	$\sum X^2 = 10$

$$a = \frac{\sum Y}{n} = \frac{294}{5} = 58.8$$

$$b = \frac{\sum XY}{\sum X^2} = \frac{63}{10} = 6.3$$

$$y = 58.8 + 6.3x$$

欲求2015年的總預測銷售額 $y = 58.8 + 6.3(3) = 77.7$(萬元)

圖解生產與作業管理

【證明】

$$b = \frac{n(\Sigma xy) - (\Sigma x)(\Sigma y)}{n(\Sigma x^2) - (\Sigma x)^2} \quad \text{if} \quad \Sigma x = 0 \Rightarrow b = \frac{(\Sigma xy)}{(\Sigma X^2)}$$

$$a = \overline{Y} - b\overline{x} \quad \because \Sigma x = 0 \quad \therefore \overline{x} = \frac{\Sigma x}{n} = 0 \quad \therefore a = \overline{Y} = \frac{\Sigma y}{n}$$

步驟 2：利用移動平均法求得特定季節指數(單位：萬元)

年度 季別	2010	2011	2012	2013	2014	平均	季節 指數
1	70,000	80,000	80,000	90,000	100,000	84,000	0.571
2	130,000	160,000	180,000	200,000	210,000	176,000	1.197
3	160,000	170,000	180,000	210,000	220,000	188,000	1.279
4	100,000	120,000	140,000	160,000	180,000	140,000	0.952
合計	460,000	530,000	580,000	660,000	710,000	588,000	4.000

　　綜合步驟1和步驟2，預測2015年各季之銷售預測值，已知2015年之總銷售額為77.7萬元：

	1	2	3	4	合計
2015	(777,000/4) ×0.571=	(777,000/4) ×1.197=	(777,000/4) ×1.279=	(777,000/4) ×0.952=	
	111,000	232,571	248,429	185,000	77.7

知識
補充站

欲快速求得迴歸方程式 y = a + bx 的斜率 b，在此作了一個變數的轉換，將原本的年度 x = 2010, 2011, 2012, 2013, 2014 改假設為 x = –2, –1, 0, 1, 2，其目的在使 Σx = 0，如此一來，斜率 b 的公式可簡化：

$$b = \frac{n(\Sigma xy) - (\Sigma x)(\Sigma y)}{n(\Sigma x^2) - (\Sigma x)^2}$$

$$\because \Sigma x = 0$$

$$\therefore b = \frac{\Sigma xy}{(\Sigma x^2)}$$

倘若年度 x = 2010, 2011, 2012, 2013，則可以假設 x = –3, –1, 1, 3，如此一來，x 依舊維持等差，且 Σx = 0，又可使斜率 b 的公式簡化。

Unit 3-9
預測誤差之控制方式──誤差估算指標及追蹤信號法

1. 平均絕對誤差MAD (Mean Absolute Deviation)

$$MAD = \frac{\sum |e_t|}{n} = \frac{\sum |A_t - F_t|}{n}$$

2. 均方誤差MSE (Mean Square Errors)

$$MSE = \frac{\sum e_t^2}{n-1} = \frac{\sum (A_t - F_t)^2}{n-1}$$

3. 平均絕對百分誤差MAPE (Mean Absolute Percentage Errors)

$$MAPE = \frac{\sum |e_t|/A_t}{n} = \frac{\sum |A_t - F_t|/A_t}{n}$$

4. 最大絕對誤差LAD (Largest Absolute Deviation)

$$LAD = Max|e_t| = Max|A_t - F_t|$$

期別	實際值	預測值	誤差	|誤差|	誤差²
1	217	214	3	3	9
2	213	222	−9	9	81
3	216	221	−5	5	25
4	210	224	−14	14	196
5	213	213	0	0	0
6	219	218	1	1	1
7	216	217	−1	1	1
8	212	216	−4	4	16
總和			−29	37	329

$$MAD = \frac{\sum |e_t|}{n} = \frac{\sum |A_t - F_t|}{n} = \frac{37}{8} = 4.625$$

$$MSE = \frac{\sum e_t^2}{n-1} = \frac{\sum (A_t - F_t)^2}{n-1} = \frac{329}{8-1} = 47$$

$$MAPE = \frac{\frac{3}{217} + \frac{9}{213} + \frac{5}{216} + \cdots + \frac{4}{212}}{8} = 2.174\%$$

$$LAD = Max|A_t - F_t| = 14$$

5. 追蹤信號法(Tracking Signal)

追蹤信號著眼於累計預測誤差(cumulative forecast error)與對應的MAD值，其公式如下：

$$TS = \frac{\sum e_t}{MAD} \quad (-4 < TS < 4 \rightarrow 最佳)$$

et = 實際值－預測值

將所得的結果和預定界限加以比較，範圍通常是由3到8之間。大部分的情況都是用4，在第一個MAD值計算出來之後，MAD可以用指數平滑法加以更新，其公式如下：

$$MAD_t = MAD_{t-1} + \alpha(\left|實際值 - 預測值\right|_t - MAD_{t-1}) = MAD_{t-1} + \alpha(\left|e_t\right| - MAD_{t-1})$$

期別	實際銷售值	銷售預測值	誤差	累積誤差	|誤差|	累積|誤差|	絕對誤差	追蹤信號
t	A_t	F_t	e_t	$\sum e_t$	$\left|e_t\right|$	$\sum\left|e_t\right|$	$MAD_t = MAD_{t-1} + \alpha(\left|實際值 - 預測值\right|_t - MAD_{t-1})$	$TS = \frac{\sum e_t}{MAD_t}$
1	217	214	3	3	3	3		
2	213	222	−9	−6	9	12		
3	216	221	−5	−11	5	17		
4	210	215	−5	−16	5	22		
5	213	213	0	−16	0	22		
6	219	218	1	−15	1	23	3.83	−3.913
7	216	211	5	−10	5	28	4.07	−2.459
8	212	216	−4	−14	4	32	4.05	−3.454
9	215	210	5	−9	5	37	4.24	−2.121
10	218	213	5	−4	5	42	4.39	−0.910
11	224	222	2	−2	2	44	3.92	−0.511
12	225	222	3	1	3	47	3.73	0.268
13	221	216	5	6	5	52	3.99	1.505
14	212	213	−1	5	1	53	3.39	1.476
15	223	230	−7	−2	7	60	4.11	−0.487
16	225	224	1	−1	1	61	3.49	−0.287
總計			−1		1			

已知到第6週的絕對誤差總和為23，因此第一個$MAD = 23/6 = 3.83$。之後的MAD可用 $MAD_t = MAD_{t-1} + \alpha(\left|實際值 - 誤差值\right|_t - MAD_{t-1})$ 公式加以更新。第6週到第16週均落在±4之間，表示此預測方法仍舊可靠，可持續延用。

Unit **3-10**
預測誤差所產生的問題及對策

1. 預測不準確所產生的問題

　　在供應鏈中，由於消費端的需求預測不穩定，當需求延伸到最上游的供應商時，會產生所謂的長鞭效應(bull-whip effect)。所謂的「長鞭效應」是指下游廠商的預測或估計之偏差雖只有微小的波動，卻大幅度影響上游廠商預估的正確性。

2. 長鞭效應成因

　　(1) 資訊傳遞太慢：使用供應鏈管理(SCM)配合電子資料交換(EDI)、電子商務(e-commerce)、網際網路(internet)。
　　(2) 訂購後的前置時間(lead time)過長。
　　(3) 上下游供給和需求的調整太慢。
　　(4) 供應商過多。
　　(5) 需求誤差。
　　(6) 價格波動。
　　(7) 批量訂購。

3. 長鞭效應的對策

　　(1) 採用供應商管理存貨(Vendor Manage Inventory；VMI)模式，可以達成以下目標：
　　　　‧降低供應鏈上產品庫存，抑制長鞭效應。
　　　　‧降低買方企業和供應商成本，並提升利潤。
　　　　‧提高供需雙方合作程度和忠誠度。
　　(2) 鼓勵供應鏈上下游廣泛使用電子資料交換來進行交易及資訊流通。

4. 權變計劃(Contingency Plan)

　　無論預測的方法再怎麼提高準確度，只要是預測就必然會產生誤差，因此生產部門在設計或規劃產能時，即應讓生產線保有更高的產能彈性或是培養具有承接過多訂單的外包廠商，以因應市場上的瞬息萬變，讓產品的製造能更符合實際銷售的增減變化，此一權變因應的生產計劃，對企業是莫大的挑戰。

5. 綜合歸納

　　預測的方法很多，大致可分為定性方法與定量方法兩類，現將各種預測的方法、特性及公式匯整如右表。

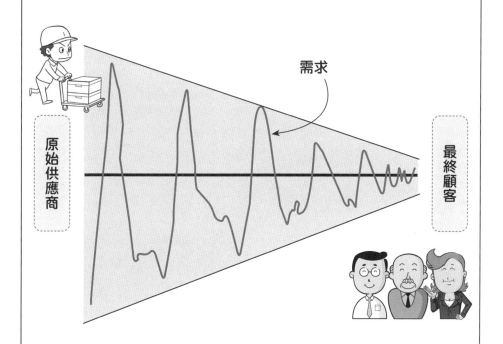

長鞭效應

需求

原始供應商

最終顧客

059

預測方法(定性法 & 定量法)

預測方法	方法	簡略描述
定性方法	消費者調者	詢問消費者未來計劃。
	銷售力組合	評估從銷售員蒐集到的意見。
	主管意見	結合財務、行銷、製造經理之意見,以進行預測。
	德爾菲法	提供一系列問卷,請管理者與幕僚匿名回答。由前面的調查,做成一連串的問卷。
	外部意見	由顧問或外部專家做預測。
定量方法	自然推論法	在數列中,下一個數值與前一個數值相同。
	移動平均法	根據最近數值的平均做預測。
	指數平滑化法	加權移動平均法之複雜形式。
	簡單迴歸	以每一變數之值,預測另一變數之值。
	多元迴歸	以兩個或更多的變數值,預測另一個變數。

第 **4** 章
產品設計

章節體系架構 ▼

Unit **4-1** 產品策略簡介

1. 產品策略的評估

產品策略是行銷策略的一環，亦為生產策略的一環，任何一種產品策略(包含有形產品策略及無形產品策略)所應考慮的因素相當廣泛，列示並說明如下：

(1) 產品生命週期(Product Life Cycle；PLC)：產品位於PLC的不同階段，需有相對應的產品策略，不能一成不變。例如：在產品的萌芽期，就應該以促銷、廣告或擴大試用，讓消費者有機會能接觸到此一產品，若是產品已經進入到成熟期或是衰退期，則是要仰賴成本的降低或是新應用市場的重新開發。

(2) 價值創造：產品或服務的提供能為顧客帶來哪些效用或附加價值？是否能持續地獲得消費者的認同？

(3) 獲利能力：扣除產品開發設計及生產製造等成本後，該產品能為公司帶來多少利潤？

(4) 未來展望：產品的前瞻性如何？係屬流行產品或是必需品？或者能夠帶動新一波的需求產生？

(5) 技術能力：仔細評估開發新產品所需的技術及可行性。

(6) 競爭狀態：是否侵犯他人的技術專利？如何掌握先機，能比競爭對手更快推出新產品？

(7) 資源配置：涉及投資風險的高低，投入資源的多寡與資源配置與否恰當，是決定產品策略成功與否的關鍵因素之一。

2. 產品策略的運用

在上述因素獲得釐清之後，便可針對產品及服務的屬性採取適當的產品策略：

(1) 集中化(focus)：集中化策略是只專注於某一領域的發展，可能是服務模式、特定的顧客群、地理區、配銷通路或產品區隔，例如：台積電長期專注在本業晶圓代工的技術深耕，並未推出自有通路及品牌，也贏得客戶長期的信賴。

(2) 差異化(differentiation)：使消費者感受到產品的獨特性、創新性、知名度、高品質或良好的售後服務，雖然可能會增加成本，然而差異化能夠為顧客創造出額外的價值，往往也能受到顧客的認同與青睞。

(3) 低成本(low-cost)：低成本策略並不意味低品質的產品，而是透過標準化與大量生產的方式，以較低的成本提供與競爭者同級的產品或服務，若是低成本還能配合高價值的產品與服務，將更能得到顧客的肯定。

(4) 快速反應(rapid response)：如豐田(TOYOTA)汽車即是以快速反應策略，每隔兩年即推出新車，來回應顧客求新求變的需求；花旗銀行則是對顧客的意見或抱怨，採取迅速處理的態度，如遇重大事件則成立危機處理小組因應之。

(5) 特殊議題(special issue)：環保法規、技術演進、有機生活和綠色產品的潮流將重新引領產品或服務模式的變化。

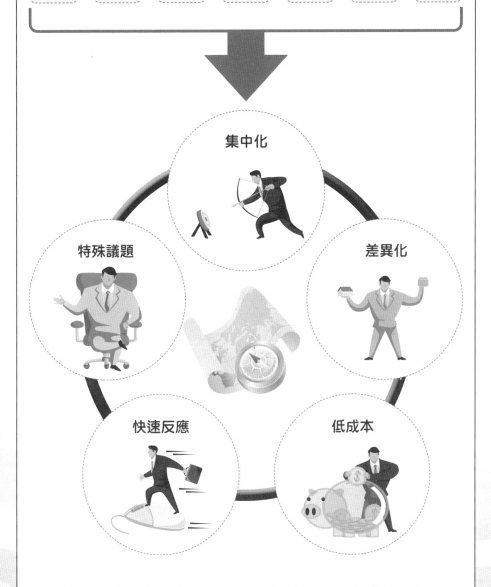

產品策略之評估與運用

產品生命週期　價值創造　獲利能力　未來展望　技術能力　競爭狀態　資源配置

集中化

特殊議題

差異化

快速反應

低成本

Unit **4-2**
產品設計的驅動力與趨勢

1. 產品或服務重新設計之驅動力

企業何時應進行產品或服務的重新設計？何時應推出新產品才能獲取最大利益？時機的掌握是相當重要的，一般而論，產品設計的驅動力不外乎有以下幾點：

(1) 經濟變遷：長期的景氣循環、短期的價格波動或者是區域經濟體的興衰，都會驅使經營者重新規劃產品的設計、生產模式、成本結構和行銷策略。

(2) 技術變遷：技術的創新與突破，都是產品或服務重新設計的驅動力，例如：奈米科技、多點式觸控螢幕、太陽能、雲端應用、物聯網、大數據分析等。

(3) 政治法律變遷：各國法規的重新修訂或簽署，都與企業的營運或產品的重新設計息息相關，舉凡歐盟的規定、東南亞國協會員國的決議和兩岸所簽署的協議皆是。

(4) 社會環境變遷：M型社會、老人化社會以及少子化社會的來臨，都屬於社會環境的變遷，必定會有新的需求產生。

(5) 其他變遷：氣候變遷、人文地理條件改變或文化衝擊等均會產生驅動力。

2. 產品或服務重新設計之趨勢

近年來，產品與服務設計愈來愈受到重視，其趨勢包括：

(1) 著重於顧客滿意度。(2) 著重於產品競爭力或性價比(Cost-Performance ratio；CP值)。(3) 著重於降低新產品或服務導入所需的時間。(4) 著重於降低新產品產出或服務提供所需的時間。(5) 著重於生產或交貨的能力。(6) 著重於環保，促使廢棄物最小化、零件再循環使用、少用料與少包裝。(7) 著重在智慧生產、大數據、物聯網之高度自動化整合生產。

在競爭的環境裡，新產品或服務比競爭同業先上市，將使組織機構搶占競爭優勢，並增加利潤、市場占有率與創造領先群倫的形象。就非營利組織機構而言，新產品或服務儘早上市，能使組織機構增加顧客服務之機會。

3. 企業進行產品設計原因

企業組織機構之所以願意投入參與產品或服務設計，最主要的理由就是藉由新產品或服務提供以提高競爭力，目的是希望企業成長並增加利潤，除此之外，占有市場避免淘汰、顧客抱怨、提高利潤強化競爭、順應需求滿足顧客、改善設計降低成本、意外事件或傷害、市場需求低落、降低勞工或原料成本等都是原因。

至於設計變更的壓力，通常來自：(1)員工：企業內部的員工主動提案，要求改善產品或強化設計；(2)顧客：消費者使用產品後的意見，成為改變設計的主要原動力；(3)競爭者：競爭對手的產品不斷推陳出新，迫使企業進行設計變更；(4)法規：法令規章的改變或修訂，造成產品不得不重新設計。

產品設計的契機

經濟變遷	技術變遷	政治法律變遷	社會人口變遷	環境變遷

產品與服務重新設計的趨勢

- 顧客滿意度
- 導入所需時間
- 提供所需時間
- 廢棄物最小化
- 零件再循環使用
- 產品競爭力
- 組織生產或交貨能力
- 少用料少包裝

知識補充站

(1) **M型社會**：在全球化的趨勢下，富者在數位世界中，大賺全世界的錢，財富快速攀升；而隨著資源重新分配，中產階級因失去競爭力，而淪落到中下階層，整個社會的財富分配，在中間這塊，忽然有了很大的缺口，跟「M」的字型一樣，整個世界分成了三塊，左邊的窮人變多，右邊的富人也變多，但是中間這塊，就忽然陷下去，然後不見了。

(2) **東協十國加六**：印尼、馬來西亞、菲律賓、泰國、新加坡、汶萊、越南、寮國、緬甸及柬埔寨＋(中國、日本、南韓、澳洲、紐西蘭和印度)，東協十國加六的具體合作架構始於2005年12月14日在馬來西亞吉隆坡召開的第一屆東亞高峰會(East Asia Summit；EAS)，宣言中指出，期望在涉及共同利益與安全的政經議題上，促成東亞各國更廣泛的對話機會，其目的主要藉由納入澳洲、紐西蘭和印度的資源及市場，形塑一個更強大而廣泛的經濟合作架構。

Unit **4-3**
產品設計的目的

　　產品設計的目的,無非是希望能藉以強化企業競爭優勢,使企業在成本、品質、彈性、交貨績效、創新與時間等項目拉開與競爭對手間的差距。產品設計的項目很廣泛,包括:

1. 使之便於生產或回收

　　設計良好的產品,可使生產及製造的作業更為流暢,也可以使維修工作更為簡易,設計配合製造(design for manufacturing)、設計配合維護(design for maintenance)或設計配合回收(design for recycle)的觀念均衍生於此。

2. 增強功能

　　強化或增加產品原有功能或是在既有的平台上增加服務的內容或品項。

3. 提升價值

　　由Value＝Function/Price (價值＝功能／價格)或Value＝Quality/Price (價值＝品質／價格)可知「功能或品質的提升,如果能配合價格的降低,將可增加產品的價值感」。

4. 美觀與實用

　　外觀力求賞心悅目,中看之外,還要中用、務實。

5. 舒適

　　要考慮人因工程,並注意顧客的主觀感受是否舒服合適。

6. 品質與環保

　　產品品質應符合法令的規定與保固的要求,最好做到70%以上的零組件能回收與再利用。

7. 安全

　　玩具應有ST安全標誌。

8. 防呆

　　計算器的自動斷電功能即屬於防呆設計。

防呆案例

1. 使用檢核表可確保服務流程正確執行。
2. 特殊方向的零組件插座或插槽，例如：USB或sim卡。
3. 顛倒錯置或不使用時，即可自動斷電的裝置。
4. 零件歸位整理箱或使用工具整理夾以確定機械歸位。
5. 提款機上會用語音提醒客戶取回現金及提款卡。
6. 廁所會以門鎖啟動「使用中」的警示語或門外上方的警示燈。
7. 放置鏡子提醒接待員保持微笑。
8. 以連串的指示牌告知顧客行進方向或指示目的之所在。

知識補充站

(1) CE 標誌

歐盟市場 CE 標誌屬強制性認證標誌，於歐洲經濟區上流通，需貼有 CE 標誌，以表明產品符合歐盟指令之基本要求。CE 標誌象徵該產品符合歐盟健康，安全和環保規定，確保消費者的安全。

歐洲指令規定 CE 標誌，包括玩具安全、機械、低壓設備、終端設備和電磁兼容性，通過測試才能取得符合證明書。

(2) ST 安全玩具標誌

凡是玩具廠商生產的玩具，送請財團法人台灣玩具暨兒童用品研發中心按照經濟部標準檢驗局制定的國家標準，經過各種儀器的檢驗，沒有尖端、銳邊、毒性、可塑劑及易燃等各方面的危險性等，本中心才

101 年-G11435-21958
玩具安全鑑定委員會
TEL：(02) 8768-2901

發給為這件玩具專用的一個「ST安全玩具」標誌，由廠商印製張貼在出售的玩具上，俾便消費者選購識別。中心進行不定期抽檢工作，確保玩具的安全性。

Unit **4-4**
新產品上市的程序與步驟

每一個企業都希望能開發出超越競爭者的創新產品，但是面對市場、技術諸多的不確定性，企業可參考以下新產品上市程序來進行新產品的開發與管理，分項說明如下：

(1) 發掘機會：從市場脈動、消費者喜好及未來科技趨勢等因素發掘新產品的機會。

(2) 概念設計：進行產品或服務的初始概念或雛型設計。

(3) 可行性評估：涵蓋了技術面(Technique)、經濟面(Economics)、法律面(Law)、作業面(Operation)、安全面(Safety)，簡稱為TELOS。

(4) 細部設計／工程分析／成本估算：經由可行性評估後，即可開始進行產品的細部設計，初步設計即應考慮工程可行性及生產製造的成本。

(5) 製程規劃：生產製造所需參考之途程單(routine sheet)，現場單位可以途程單進行下階段試車生產所需的產能需求規劃。

(6) 試車生產(pilot production)：工程製造部門依據途程單進行產品的試製。

(7) 修正調整：設計或製程有缺點或瑕疵者，需要進行修正或調整，最終設計(final design)才能定案。

(8) 量產試製：工程製造部門依據最終設計的途程單進行較大量的試製。

(9) 正式上市：量產試製若無問題，即可正式上市。

由於企業性質、組織文化、產品型態、經營策略、管理風格的差異，企業往往採取不同的新產品開發程序，以下為新品開發程序的四種主要類型：

(1) 循序式(sequential)：企業制定新產品策略後，可以依循以下產品開發程序依序進行：激發產品創意與概念、篩選與評估、初步設計、市場機會分析、產品發展、市場測試、正式上市等步驟循序漸進。

(2) 整體式(holistic)：「整體式」或稱「橄欖球式」的產品發展，由一支新產品開發團隊，主導整個開發過程的所有項目，一起衝鋒陷陣。

(3) 重疊式(overlapping)：將不同部門裡相關的人員重疊在同一矩陣內，定義清楚彼此在矩陣內進行交流的規則，以消除存在於不同部門間溝通的「藩籬」。

(4) 雜亂式(chaotic)：新產品開發過程相當混亂、毫無章法，最大的特色乃充滿了失控與衝突。在發展的過程中，成員空間較大、較為自由，能激發出有創意的答案或突破性的想法。對很多擁有新點子，卻不被重視的草創公司而言，是阻力最小的一條路。

參考資料：
- http://scholar.fju.edu.tw/%E8%AA%B2%E7%A8%8B%E5%A4%A7%E7%B6%B1/upload/051125/content/961/D-7003-05827-.ppt
- https://www.google.com.tw/url?sa=t&rct=j&q=&esrc=s&source=web&cd=7&cad=rja&uact=8&ved=0CDcQFjAG&url=http%3A%2F%2Fcm.nsysu.edu.tw%2F~cyliu%2Ffiles%2Fedu36.doc&ei=7vgYVNzeNMHV8gXJ3YKwDQ&usg=AFQjCNFqb5Fv7nJ2qGHdJw11nWzqgLsqqw&sig2=rScwTlCLpTh8jXV8Bi-Asw&bvm=bv.75558745,d.dGc

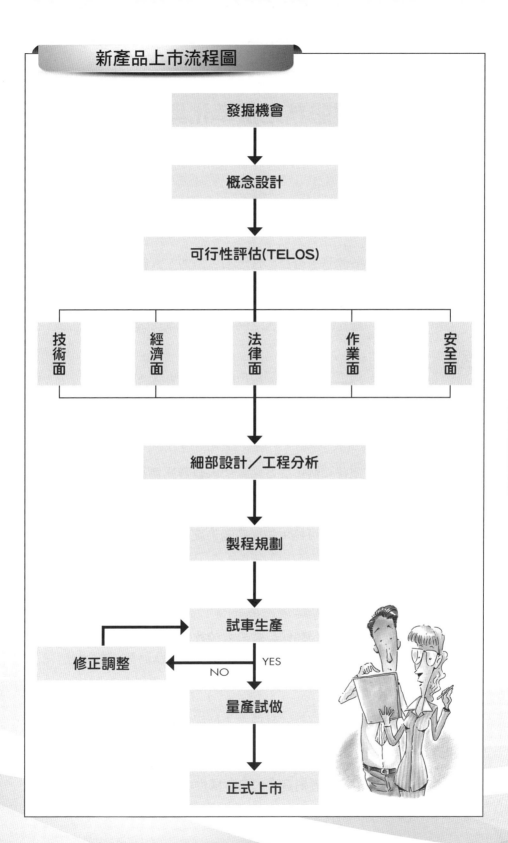

新產品上市流程圖

發掘機會

↓

概念設計

↓

可行性評估(TELOS)

技術面　經濟面　法律面　作業面　安全面

↓

細部設計／工程分析

↓

製程規劃

↓

試車生產

修正調整　NO　YES

↓

量產試做

↓

正式上市

Unit **4-5**
產品與服務之標準化與模組設計

產品與服務設計都有一個重要的課題，那便是標準化，所謂標準化(standardization)係指產品與服務一致性的程度。標準化服務意指每位顧客或項目所接受到的服務均無差異，以餐飲服務為例，不管顧客訂的套餐單價高或單價低，用餐的時間是在尖峰時段或是離峰時段，每位顧客均應接受相同的服務。

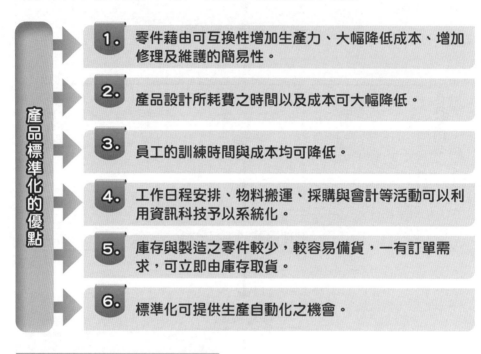

產品標準化的優點

1. 零件藉由可互換性增加生產力、大幅降低成本、增加修理及維護的簡易性。

2. 產品設計所耗費之時間以及成本可大幅降低。

3. 員工的訓練時間與成本均可降低。

4. 工作日程安排、物料搬運、採購與會計等活動可以利用資訊科技予以系統化。

5. 庫存與製造之零件較少，較容易備貨，一有訂單需求，可立即由庫存取貨。

6. 標準化可提供生產自動化之機會。

產品標準化的缺點

1. 產品標準化限制顧客對產品或服務之訴求，因此若有競爭者導入較佳產品或多樣產品，將會進而產生競爭優勢。

2. 廠商不願意再投入較高成本之產品設計，這也將阻礙了產品的改進。

3. 種類減少，導致消費者的可選擇性亦減少。

所謂的模組設計(modular design)其實可說是標準化的另一種形式，模組設計就是把零件組合成半成品，而每一個半成品都可稱得上是一個模組，桌上型電腦即是模組設計的典型，若發現零件故障，可立即維修完畢，電腦製造商把模組安排在不同的機構上，就能生產出不同功能的電腦。此外，模組設計也可以用在建築工業上，建設公司在工廠預先製造旅館的外牆、管線、水電及裝潢等模組，然後經由鐵路載運到建築地，並把模組一一安裝在建築工地上。

模組設計之優點

① 失敗處容易發現與改進，因為與非模組設計比較起來，模組設計所需檢視的部分較少。

② 增加產品變化彈性和顧客購買意願。

③ 易於修理與重新更換。

④ 模組的製造與裝配通常極為單純化。

⑤ 零件較少，因此採購與存貨較定規化。

⑥ 製造與裝配標準化，訓練成本較少。

⑦ 可分工生產。

模組設計的缺點

| 1. 模組數比個別零件數少，故產品樣式極少。 | 2. 當個別零件損壞而模組無法拆修時，整個模組必須報廢，因而提高使用成本。 | 3. 若有零件損壞，導致整個模組報廢，因此通常此程序成本更為高昂。 |

案例

近年來的行動電話通用充電器為數百萬名使用者帶來便利，所有行動電話均可使用相同的充電器。除了增加便利性之外，製造業者更能將行動電話與充電器分開銷售，因此亦可減少資源浪費、降低成本。

參考資料：http://eeas.europa.eu/delegations/taiwan/press_corner/all_news/news/2011/20111014_world_standards_day_zt.htm

Unit **4-6**
產品設計與開發的工具與技術(I)
──價值分析與逆向工程

1. 價值分析(Value Analysis；VA)

又稱價值工程(Value Engineering；VE)，是一門降低成本、提高經濟效益的管理技術與方法，若要嚴格劃分VA和VE的差別，VA指的是在生產準備階段之後，而VE指的是生產準備階段之前。VA/VE主要是研究如何以最精省成本，又能確實達成顧客所認為產品應擁有的機能，價值(value)=功能(function)／成本(cost)，欲使價值達成的途徑可分為下列幾種：

① 提高功能，降低成本，大幅度提高價值。

② 功能不變，降低成本，提高價值。

③ 功能有所提高，成本不變，提高價值。

④ 功能略有下降，成本大幅度降低，提高價值。

⑤ 大幅度提高功能，適當提高成本，從而提高價值。

2. 逆向工程(Reverse Engineering；RE)

設計者參考成品，透過逆向流程的方式嘗試拆解產品當初的生產流程及組成該成品的原物料，以實體縮小模型後實驗，進行外型修正，輔以設備量測外型資料，建構其電腦輔助設計(Computer Aided Design；CAD)圖檔，以便後續量產加工，使用逆向工程大致分為下列四種：

(1) 產品設計方式的差異

以往設計師可能只做2D的平面設計，再經由CAD軟體將資料轉換成3D；但現今設計師可以借助3D掃描成品轉換成3D模型的圖檔，以利後續的工作。

(2) 產品設計走向自由曲面造型

　　不單只考慮功能性，產品的外型也是消費者購買與否的重要考量因素，設計師所創造出來的外觀造型，若利用傳統的製造方式可能無法完全將其設計理念完整表達，需要運用逆向工程的工具來達到設計師的要求。

(3) 正向設計資料取得不易

　　基於商業機密，原廠不把原始CAD資料提供給下游廠商，廠商就需要經由逆向工程將原始CAD資料還原出來，一家廠商逆向工程的能力往往也是獲得訂單的一項利器。

(4) 檢驗正向設計結果

　　逆向工程的另一項重要的功能即是對成品的檢測，可稱之為電腦輔助檢測(Computer Aided Inspection；CAI)。一般品質檢測只就成品局部功能做檢測，透過逆向工程可對成品做全面性的檢測，大幅提升了品質的穩定度。

知識補充站

(1) 電腦輔助設計(Computer Aided Design；CAD)：是指運用電腦軟體製作並模擬實物設計，展現新開發商品的外型、結構、色彩、質感等特色，電腦輔助設計不僅僅適用於工業，還被廣泛運用於平面印刷出版等諸多領域。

(2) 電腦輔助製造(Computer Aided Manufacturing；CAM)：完整的製造控制系統，結合產品設計與結構分析、品質控制、材料控制、成本會計、採購及訂單接收等功能，對製造廠商的各個部門均有影響，包括製造、生產自動化、資訊服務及資料庫的整合。

(3) 電腦輔助檢測(Computer Aided Inspection；CAI)：逆向工程的重要輔助方式之一，藉由電腦設備的輔助，來對成品進行各項檢測工作。

Unit **4-7**
產品設計與開發的工具與技術(II)
——穩健田口設計與同步工程

1. 穩健設計(Robust Design)

　　有些產品的設計是希望能在更為寬廣或較為嚴苛的條件下使用，以更進一步的嚴格條件作為設計的基礎，稱之為穩健設計。例如：在寒帶氣候適用的汽車，如果也能在熱帶區域順暢行駛，則所使用的塑膠、橡膠等材質的部分，就要比原設計有更高的耐熱性，以因應環境的變異，穩健設計的概念與臨界設計(lean design)正好相反。

2. 田口方法(Taguchi Method)

　　為日本工程師田口玄一(Genichi Taguchi)所提出之方法，以穩健設計的觀念為基礎，透過系統設計、參數設計與公差設計三個層次來實施線外品管，在將實驗設計予以簡單化，讓沒有統計基礎的員工，也能熟練的運用，將品管工作做好，在此將田口方法歸納為以下幾點說明：

　　(1) 田口方法之中心特性為參數設計，參數設計可藉由製造變異、產品毀壞與使用條件之數據進行參數設計，遂有穩健設計之產生。

　　(2) 田口方法修正了傳統的統計方法，進而決定哪些因素是可控制的，哪些因素是不可控制的(或成本太高而不值得控制)，再進一步決定可控制因素之最佳水準。

　　(3) 田口方法之價值在於用相當少的試驗次數，找到較佳的設計參數，使製程進步迅速。其運用流程，如右圖所示。

3. 同步工程(Concurrent Engineering)

　　為順利將產品設計轉移到生產，以及減少產品發展的時間，許多公司使用同步工程來縮短新產品的上市時間，所謂的同步工程係指在產品規劃之初期，即讓設計、製造、研發、工程等人員一起討論並發展產品之製程，邀集較多人的共同參與，雖然一開始會比較耗費時間，但後續作業會較為順暢，並會縮短整個上市時程，同步工程具有下列四項優點：

　　(1) 能增加品質與成本的考量，並減少製造衝突。

　　(2) 能縮短產品發展過程，以獲取產品競爭優勢。

　　(3) 能在生產中避免發生重大的問題。

　　(4) 能將「解決衝突」導引至「解決問題」。

　　另外，同步工程具有下列兩項缺點：

　　(1) 設計與製造之間的藩籬不易克服。設計與製造之合作無間的想法，實在相當天真。

　　(2) 同步工程之運作必須依賴設計與製造人員的高度耐心與良好的溝通，並不是很容易辦到。

田口方法(Taguchi Method)

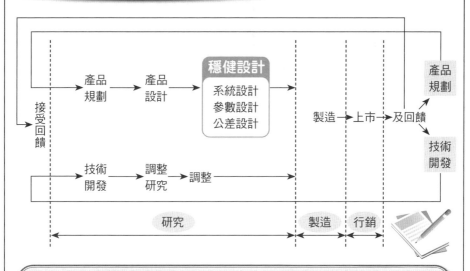

研究　製造　行銷

同步工程(Concurrent Engineering)

實施同步工程前

產品規劃

產品設計

產品試做

產品修改

產品上市

實施同步工程後

(縮短產品發展過程)

產品規劃

產品設計

產品試做

產品修改

產品上市

Unit **4-8**
產品設計與開發的工具與技術(III)
——設計配合產品

　　產品在進行設計之初,即考慮整個產品生命週期中所有的程序,從產品的製造、組裝、測試、拆解一直到最終的回收,都盡可能納入產品設計的考量之中。

1. 設計配合製造(Design for Manufacturing;DFM)

　　所謂設計配合製造係指在設計產品時,即考量組織機構或生產單位的製程能力;換言之,盡可能設計出易於生產製造的產品。

2. 設計配合組裝(Design for Assembly;DFA)

　　所謂設計配合組裝係指在設計產品時,即考量產品應如何裝配,主要著重於:
(1) 減少裝配線上的零件數。
(2) 著重在產品裝配的方法與程序。
(3) 考慮易製性(manufacturability),即產品易於製造或裝配。

3. 設計配合測試(Design for Test;DFT)

　　有些產品在進行測試時,需進行破壞性測試或是測試的步驟較為繁複,如果在設計產品時即考慮以最經濟、最精省或最有效率的方式進行產品的測試,將可提高效率並降低成本。

4. 設計配合拆解(Design for Disassembly;DFD)

　　所謂設計配合拆解則係指產品的設計應考慮容易拆卸與分解,以利維修或更新。

5. 設計配合回收(Design for Recycle;DFR)

　　所謂設計配合回收則是在環保法律的規定下,設計產品所使用的零組件是可以回收的,以達成降低垃圾量及資源再利用的目標,當然同時也需考量所使用之材料能否順利回收或是回收是否具有價值?或是日後在回收上是否有所困難?避免使用危險、有毒(toxic)、有害(hazardous)或需要特別處理的原料。

小博士解說

減廢5R原則
減少浪費或排廢的5R原則,包括減少使用(Reduce)、重複使用(Reuse)、維修再利用(Repair)、拒用非環保產品(Refuse)以及回收再生產品(Recycle)。

產品設計流程圖

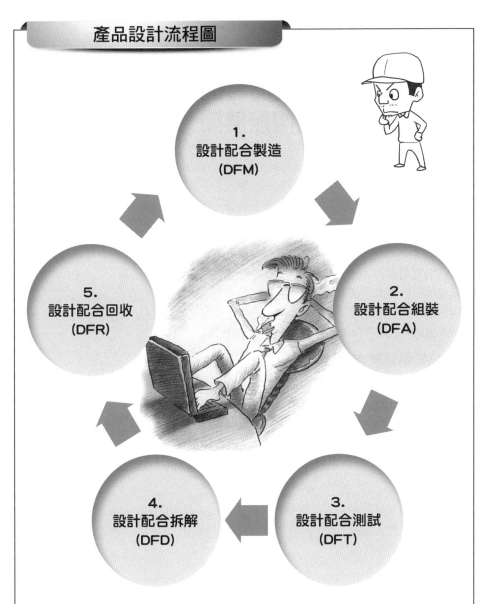

1. 設計配合製造 (DFM)

2. 設計配合組裝 (DFA)

3. 設計配合測試 (DFT)

4. 設計配合拆解 (DFD)

5. 設計配合回收 (DFR)

知識補充站

設計配合一切(Design for X;DFX)

(1) 設計配合供應鏈(Design for Supply Chain)。

(2) 設計配合生態永續(Design for Sustainability)。

(3) 設計配合服務(Design for Service)。

(4) 設計配合保固(Design for Warranty)。

(5) 設計配合自行修復(Design for Self-Repair)。

Unit **4-9**
產品設計與開發的工具與技術(IV)
——品質機能展開

所謂品質機能展開(Quality Function Deployment；QFD)是1972年由日本三菱 (Mitsubishi)公司所提出，係指將顧客的心聲融入產品發展過程的方法，品質機能展開 之目的在於將顧客品質要求分解進入製程的每一層面，從產品規劃到生產現場。品質 機能展開後的形狀像房屋，故稱之為「品質屋」，包含六大部分：

1. 顧客需求

位於品質屋的左牆，又被稱為顧客的聲音(Voice of Customer；VOC)，主要用以 描述顧客的需求與期望，顧客需求之資訊可經由市場、調查問卷以及顧客訪談等方式 取得，顧客用自己的語言說明對企業所提供產品與服務的期望，企業必須要能充分且 有效的掌握，才能提供滿足顧客需求的產品與服務。

2. 市場競爭或需求評估

位於品質屋的右牆，用以瞭解顧客需求的優先順序，評估內容包含自有產品及其 他競爭產品，在顧客需求條件下的評比，可瞭解自有產品的優劣、顧客對各項需求之 重視程度、品質機能之目標值、水準提升率、銷售重點及顧客需求絕對權重。將市場 上主要競爭對手提供給顧客的產品需求和自身企業相較並加以評比，並予以分析，可 進一步瞭解企業所提供產品或服務的優缺點。

3. 技術需求

位於品質屋的天花板，又稱為工程的聲音(Voice of Engineering；VOE)，企業必 須責成相關部門，透過工程、設計、管理或幕僚部門合作，努力突破技術障礙，以滿 足顧客對產品或服務的需求。

4. 關係矩陣

為品質屋的主體，此關係矩陣是用來說明顧客需求項目和工程技術特性間的關係 程度，顧客對產品及服務的期望、企業所提供之產品功能與顧客服務之間，可利用相 關矩陣圖來加以連結。

5. 技術需求關聯矩陣

位於品質屋之屋頂，主要用以說明各工程技術間之相關性分析，企業內各部門所 提供產品或服務之間的關係，可以用交互作用矩陣加以描述其相關性與相關強度。

6. 技術目標

位於品質屋的基座，依照工程代用特性的評分值，瞭解如果要生產出顧客所期望 的產品，是最迫切需要哪些技術？以作為各項技術引進及資源分配考量的工具，針對 競爭分析之內容，研擬企業功能應改善項目、改善方向與改善優先順序。

品質機能展開圖(品質屋)

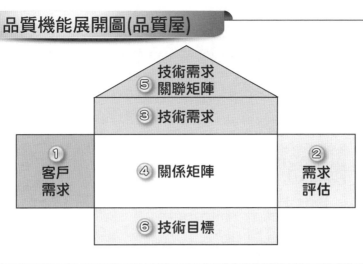

- ⑤ 技術需求關聯矩陣
- ③ 技術需求
- ① 客戶需求
- ④ 關係矩陣
- ② 需求評估
- ⑥ 技術目標

品質屋舉例：以鋼珠筆為例

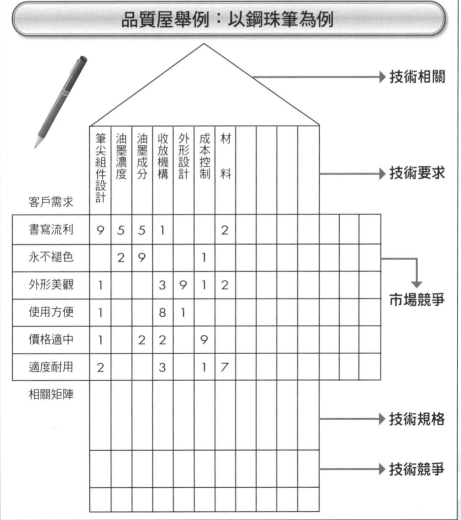

→ 技術相關

→ 技術要求

客戶需求	筆尖組件設計	油墨濃度	油墨成分	收放機構	外形設計	成本控制	材料				
書寫流利	9	5	5	1			2				
永不褪色		2	9			1					
外形美觀	1			3	9	1	2				
使用方便	1			8	1						
價格適中	1		2	2		9					
適度耐用	2			3		1	7				

→ 市場競爭

相關矩陣

→ 技術規格

→ 技術競爭

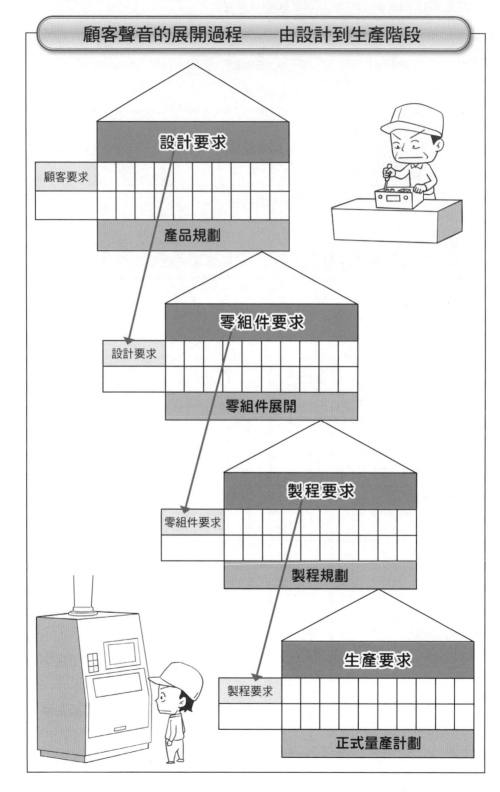

Unit 4-10
產品設計與開發的工具與技術(V)
——產品可靠度分析

所謂可靠度(reliability)是指特定產品在給定的操作環境及條件下，能成功的發揮其應有功能至一給定時間之機率，假設給定的產品壽命時間為T，以數學式表示可靠度之公式為：

$$R(t) = P(t|t \geq T), \quad T > 0$$

1. 可靠度的四個要件

(1) 機率值$(0 \leq R(t) \leq 1)$。
(2) $F(t) = 1 - R(t)$可代表產品或服務的失效率F(failure rate)。
(3) 可靠度的計算必須在正常的操作條件下。
(4) 可靠度的計算必須給定一個產品壽命時間長度T。

2. 提高可靠度的方法

(1) 改進零件或零組件的設計。
(2) 提升產品裝配或製造技術。
(3) 改進產品的測試方法。
(4) 使用備用元件(back-up parts)。
(5) 改進預防保養程序。
(6) 改進消費者使用產品或服務的方法，必須教導消費者正確的使用方式。
(7) 改進生產或服務系統的設計。
(8) 嘗試以模組來進行產品的設計，當某一模組發生故障或損壞時，可以立即更換。

3. 浴缸曲線(Bath-tub Curve)

產品的失效率或稱為失效函數 $F(t) = 1 - R(t)$ 會隨產品的生命週期(導入期、穩定期、衰退期)逐步遞減、平穩到遞增，意即導入期的產品一開始失效率會比較高，再來會逐漸穩定，到了穩定期失效率最低，但隨著衰退期來臨失效率又會再提升。

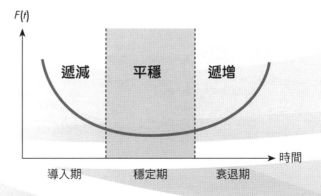

Unit 4-11
產品與服務系統設計之範圍與特性

1. 服務系統設計中，產品與服務所占比例

　　產品設計與服務設計往往同時存在，舉例來說，安裝地毯包括安裝(服務)與地毯(產品)；換言之，現今已經沒有不涉及服務的製造業了，產品與服務相輔相成，經理人必須擁有足夠的知識，才能有效地進行管理，可用座標來呈現不同業別在產品內容與服務內容之間所占比例的多寡。

2. 服務系統設計中，顧客接觸度與銷售機會

　　根據Chase等學者的看法，服務系統的設計可用矩陣的概念表現之。橫座標代表顧客接觸度的連續構面：從「不接觸」的緩衝核心、「少接觸」的滲透座標(permeable system)到「常接觸」的反應系統(reactive system)；縱座標代表銷售機會的高低(或生產效率的低高)，服務系統可分為六種類型，從1.郵寄到6.量身訂做，從接觸最少到接觸最多。

3. 優良服務系統的特性

　　一個優良的服務系統有七項特性，包括：

　　(1) 每一項作業均應與公司的競爭優勢順序相契合，相片快速沖洗店追求的是速度，因此，每一個作業環節就應該為提升速度而努力以赴。

　　(2) 服務系統應該容易操作與使用，諸如明確的標示、條理的流程、易懂的表格、親切的態度等，使消費者樂於使用。

　　(3) 能有效處理需求變動，並快速取得資源因應之。

　　(4) 服務系統應該具有結構性，如可行的工作任務、有效的技術支援等。

　　(5) 有效連接「前場」與「後場」，使兩者無落差。

　　(6) 藉著有效溝通，使顧客明白「前場」與「後場」為服務所做的努力，顧客才會珍惜所擁有的服務。

　　(7) 將資源浪費盡量減少，提供符合成本效益的服務。

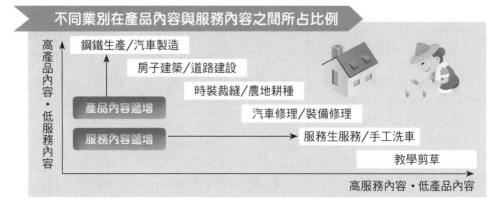

不同業別在產品內容與服務內容之間所占比例

鋼鐵生產/汽車製造
房子建築/道路建設
時裝裁縫/農地耕種
汽車修理/裝備修理
服務生服務/手工洗車
教學剪草

產品內容遞增
服務內容遞增

高產品內容‧低服務內容

高服務內容‧低產品內容

產品與服務範圍

服務核心(不接觸)			滲透系統(少接觸)			反應系統(常接觸)		
低 ←	生 產 效 率	→ 高						
								6.量身訂做
						5.鬆散規範		
				4.緊密規範				
		3.電話接觸						
2.現場科技								
1.郵寄銷售								
高 ←	銷 售 機 會	→ 低						

用餐；可以改變產品的設計，服務可因顧客的喜愛做調整

服務流程固定，不會因顧客不同而有所調整

低 ← 顧客接觸度 → 高

產品與服務特性區分圖

Unit **4-12**
服務設計方法與準則

　　服務業的服務提供過程中，除了要注重顧客的感受和情緒等無形需求，同時也要滿足消費者對於速度、售價和品質等項目的有形需求，以下幾種方式均屬服務設計方法上的創新或改變：

1. 生產線法

　　(1) 速食店將提供一項快速且品質穩定的食物製造程序，而非服務程序，因此，由前台服務人員點餐後、訂單即交付到後台的廚房進行生產製作，並以製程別的方式進行布置(process layout)。

　　(2) 速食店強調快速提供一致的和高品質的食物、整潔的環境及令人愉快的服務禮儀。

　　(3) 一切的服務流程均以有系統且一貫作業進行，以期提高服務效率及降低生產成本。

2. 自助服務法

　　(1) 將服務提供者的角色部分移轉給消費者，此種方法係將顧客當成「員工」，必須訓練或推廣顧客該做什麼，例如：請顧客自行收拾用完餐之後的碗盤；採取自助式的餐飲服務，由顧客自行取用餐點。

　　(2) 防呆措施：設計詳細的服務流程，可預防錯誤發生。在服務業中，即便使用服務藍圖可以勾勒出服務產品的大致狀況，但如何正確無誤的實施服務使顧客滿意，卻沒有一定的規則可循，於是防呆措施即出現在服務流程中，常見的防呆措施包括：

　　① 警告法(warring method)：例如在提款機上用語音提醒客戶取回現金及提款卡；廁所會以門鎖啟動「使用中」的警示語或門外上方亮起警示燈。

　　② 可見接觸法(visual contact method)或實體(physical)接觸法：放置鏡子提醒接待員保持微笑；使用工具整理夾以確定機械歸位；以連串的指示牌告知顧客行進方向或指示目的之所在。

　　③ 3T法：培養員工在每一次的服務完成時，針對以下三個項目進行自我問答：

　　A. 工作(Task)任務是否完成？

　　B. 對待(Treat)顧客是否有禮？

　　C. 實體(Tangible)設備是否完善或環境區域是否整潔？

3. 體貼入微法

　　銷售員隨身攜帶記事本，隨時隨地記錄每位消費者的各項資訊，包括顧客偏好、訂貨數量、缺失改善等，為顧客提供無微不至的服務，並將此情報匯總到公司的資訊系統內，使服務品質的改進予以標準化且編列在個人手冊內。此外，服務人員更可以運用其他的感官觀察或留意消費者的需求，知名餐飲業者會要求員工巡桌觀察客人喝茶時，嘴唇與茶杯之間的角度，藉以臆測茶杯中是否還有茶水。

服務設計的三種方法

1.生產線法

麥當勞生產方式、
連鎖泡沫紅茶店

2.自助服務法

自動提款機、
自助餐、
自助式KTV

3.體貼入微法

亞都麗緻飯店、
鼎泰豐、
和運租車等

Unit **4-13**
服務設計思考的五大原則

　　服務設計是以規劃出系統與流程以提供使用者完整且滿意的服務為其目的，而設計流程不同於以往產品生產所講求的標準化，反倒是希望藉由歸納出服務客戶的基礎原則，在不違背原則的基礎下，自由發揮各種服務該有的特質並設計適當的服務流程，如此才能更深入並滿足使用者的需求，增加使用者的接納程度。因此，馬克·史帝克敦(Mark Stickdom)針對服務設計思考提出五大原則：

1. 使用者中心(User Centered)

　　服務必須以顧客的體驗為主，將產品開發的重點轉移至使用者的身上，強調並重視使用者的經驗。

2. 共同創造(Co-Creative)

　　所有利害關係人參與服務設計的過程，設計不再是設計者個人或單一部門的工作，必須融合製造、業務、財務、行銷、營運，甚至是使用者等的意見。

3. 按順序執行(Sequencing)

　　每個服務的環節是一連串相關的行動，服務系統設計所考慮的不單只是跟顧客接觸的瞬間，客戶使用服務一直到使用結束後，都必須涵蓋在系統設計內且依序規劃、依序執行。

4. 實體化的物品與證據(Evidencing)

　　將無形的服務化為實體化的感受，運用各種感官與客戶溝通，例如：餐廳不只販售物美價廉的食物而已，整體氛圍的營造、瀰漫的音樂、空氣中的香氣，甚至是服務人員的微笑，都要讓顧客有實際的感受。

5. 整體性(Holistic)

　　考量整體環境，不僅是使用者或企業本身，包括：環境的營造、產品或服務的理念和訴求，共同為客戶、企業，甚至是整個世界做出貢獻。

　　服務設計的核心為「人」，因此，過程中不斷地強調必須以使用者為主，不僅要瞭解既有使用者和潛在使用者需要什麼樣的服務，甚至要比使用者更深入思考，徹底融入目標用戶的心靈與想法，搶先發覺他們的「潛在需求」。

　　「共同創造」成為服務設計過程的一大環節，將所有利害關係人聚集共同討論，相互瞭解彼此理念與需求，讓每個角色更有效運用自身擁有的資源，讓消費者參與產品研發或是服務設計的討論，更能夠提高消費者的愉悅度，並增加品牌忠誠度。

　　以這五大核心原則為基本概念進行服務設計，將服務設計簡單分為探索、創造、反思、執行四個階段，這四個階段會不斷反覆進行，視不同情況而定，甚至在執行階段的服務也可能回到探索階段重新思考，將服務的方向加以改善。

服務設計的思考面向

探索

創造

1.使用者中心(user centered)
2.共同創造(co-creative)
3.按順序執行(sequencing)
4.實體化的物品與證據(evidencing)
5.整體性(holistic)

執行

反思

知識補充站

使用者經驗(User Experience；簡稱UX)，根據ISO 9241-210規範，使用者經驗定義如下：「當使用者在接觸產品、系統或服務後，所產生的感知反應與回饋。使用者經驗包括使用者的情緒、信念、偏好、認知、生理及心理反應、行為及成就來源，其發生在產品系統服務的前期、中期和後期。」

第 5 章
生產程序的決策與選擇

●●●●●●●●●●●●●●●●●●●●●●●●●●●●●●●●●● 章節體系架構 ▼

Unit **5-1**
生產程序之策略(I)──生產型態與產品結構觀點

　　不同企業在產品結構、生產方法、設備條件、生產規模、專業化程度、技術水準等方面，都有相異之特點，這些特點反映在生產工藝、設備、生產組織形式、計劃工作方面，對企業的技術經濟指標都有很大影響，各個企業應根據自己的特點，建立合適的生產管理體制，以下將說明常見的製造程序和生產型態：

1. 企業製造程序的說明

　　(1) 轉化型製造程序(conversion processes)：屬於化學製法(chemical process)，例如：伐木造紙、煉鐵成鋼等都是此類的典型，由原料經過繁複的程序，而產生外觀與實質上化學變化之產品。

　　(2) 加工型之製造程序(fabrication processes)：此類的製造大多為機械加工法，包括：

　　　・成型製法(forming)：改變外型如鑄造(casting)、鍛造(forging)、軋(rolling)、壓擠(squeezing)、穿孔(piercing)、彎曲(bending)、剪切(shearing)等方法。

　　　・機械加工(machining)：機製作如車削(turning)、長鉋(planning)、短鉋(shaping)、銑(milling)，鑽孔(drilling)、輪磨(grinding)、鋸(sawing)等方法。

　　　・表面光製(surface finish)提高表面平滑度，如拋光(polishing)、搪磨(honing)、研磨(lapping)等方法。

　　(3) 裝配型製造程序(assembly processes)：利用熔接(welding)、燒結(sintering)、軟焊(soldering)、硬焊(brazing)、壓接(pressing)、鉚接(riveting)、黏著(adhesive join)等方法組合兩個以上的零件。

　　(4) 測試型程序(testing processes)：嚴格來說，它並不算一個製造程序，但卻被廣泛使用在成品的檢測，無論是有形的產品或無形的服務，都少不了此項程序。

2. 企業生產型態的說明

　　(1) 連續生產(continuous production)：產品在生產過程中，機器設備不能中斷或是盡可能避免中斷，產品結構屬少樣多量，鋼鐵業或化工業即屬此類。

　　(2) 重複生產(repetitive production)：產品在生產過程中，依據生產排程或實際訂單以批量的方式重複生產，產品結構屬標準模組，手機組裝業或成衣業即屬此類。

　　(3) 間歇生產(intermitted production)：產品在生產過程中，依據顧客需求或創新產品以較少量的方式進行生產，產品結構屬多樣少量，手搖泡沫紅茶或訂製西裝都屬此類。

　　(4) 專案生產(project production)：產品在生產過程中，依據專案或獨特性的需求以極少量的方式進行生產，產品結構屬多樣單個或是多樣單批，101大樓、捷運或是特殊功能的汽車都屬此類。

生產型態與產品結構

生產型態 / 產品結構	專案生產 (project production)	間歇生產 (intermitted production)	重複生產 (repetitive production)	連續生產 (continuous production)
多樣單位(批)	Project shop[4]			
多樣少量		Job shop (process-focus)[3]		
標準模組			Flow shop (repetitive)[2]	
少樣多量				Continuous processing (product focus)[1]
特性	數量很少	數量較少	數量較多	數量很多
產品變異性	極高	較高	較低	極低
設備	極高	較高	較低	極低
優勢&劣勢	可量身訂做 單位成本很高 排程很複雜	生產彈性較大 單位成本較高 排程較複雜	生產彈性較小 單位成本較低 排程較單純	僵化無彈性、 單位成本低、 排程很單純

091

知識補充站

(1) Continuous processing：連續式工廠，採產品專注策略 (product focus strategy)，大量單一種類的產品生產，專注在產品本身的特性，並依此打造專屬的生產設備與流程，以便能以最低的生產成本提供產品給顧客。

(2) Flow shop：流線式工廠，採重複生產策略(repetitive strategy)，精準規劃各站工時並輔以模具、IT工具、自動辨識系統、高速輸送帶等設備，以便能進行標準模組的量產。

(3) Job shop：零工式工廠，採流程專注策略(process focus strategy)，配合客戶或創新產品的需求，工廠布置著重生產的流程與工序銜接的順暢，以便能提高生產效率。

(4) Project shop：專案式工廠，依據專案需求所打造的生產基地，以固定式的生產布置為主。

Unit **5-2**
生產程序之策略(II)──製程結構與產品結構觀點

進行製程布置(process layouts)設計旨在促進加工項目之順利執行，以及提供各種不同加工需求的服務，產品或服務所需的加工條件不一，有些需要靈活的設計以便能隨時因應客戶的需求，有些則是穩定且大量生產為主要目標。

1. 企業製程結構的說明

(1) 專案生產(project production)：專案生產通常針對一次一樣，規格特殊且缺乏重複性的產品，例如：一艘軍艦、一棟體育館、窗簾訂製、汽車維修、美容美髮等。

(2) 零工生產(job shop)：當需求量低且產品變異大時，通常會使用這種加工方式。其生產機具的選擇為彈性較大的泛用機，而生產現場的布置方式通常將某一類型機具安置於同一區，例如：所有的鑽床放在同一區，而車床則放置於另一區，例如：模具的生產過程、麵包蛋餅、教育系統、健康檢查均屬典型的零工生產方式。

(3) 大量生產(mass production)：大量生產是常見的生產方式之一，大量生產為提升生產效率，常會使用專用機台並使用較自動化的搬運工具。同時，因為使用專用機台，換線的困難度便大為提升，因此生產批量通常要求較大，由於分工較細，通常員工技能多樣化的程度較低，例如：石油、鋼鐵、造紙、麵粉的生產均屬此類。

(4) 批量或間斷式生產(batch process)：當產量介於零工生產與大量生產之間時，使用批量生產。在批量生產中，使用彈性較大的半自動加工機具。例如：糕餅、汽車、電腦、洗車、速食、自助餐即為批量或間斷式生產。

2. 企業產品結構的說明

(1) 單件生產或多樣少量：此類產品數量少，但是產品或服務的樣式可隨客戶之訂單需求而變化，此類生產需要仰賴高度專業化的技能工，對於固定設備的投資通常不大，但也由於變異大，所產生的附加價值也較高，屬於高度知識累積的經濟產業。

(2) 多樣少量：此類產品數量略少，產品或服務樣式雖然可隨客戶訂單需求而改變，但略有限制，例如：高級餐廳可以隨著客戶的口味略有變化，但是客戶並不能點菜單上面沒有的餐點，此類生產亦需要專業化的技能工或是訓練有素的服務人員。

(3) 標準模組(主力產品多量)：此類產品數量略增，產品或服務樣式較少依客戶訂單需求而大幅改變，例如：手機的型式或規格就是目前推出的那些款式，客戶只能從既有的產品中進行選購，此類生產需要在量產前深入瞭解技術的發展趨勢和顧客的需求，產品一旦上市，所面對的是市場和顧客的考驗。

(4) 少樣多量：此類產品數量最多，產品或服務樣式不容易依客戶訂單需求而大幅改變，僅能在現有的設備和製程中盡可能規劃出合宜的彈性，例如：鋼鐵廠會提供鋼材的產品規格表，客戶僅能從既有的產品規格中選購，此類生產可透過事先的規劃、預收顧客訂單，靈活的生產調度等方式，提高顧客滿意度並減少不必要的庫存。

產品製程矩陣

製程結構 ＼ 產品結構	單件生產或多樣少量 (Intermitted)	多樣少量 (Intermitted)	標準模組主力產品多量 (Repetitive)	少樣多量 (Continuous)
Project production 專案生產	窗簾訂製、汽車維修、美容美髮			
Job shop (訂單流程)或 Batch (批量流程)		麵包蛋餅、教育系統、健康檢查		
Flow shop 裝配線流程			汽車、電腦、洗車、速食、手機、自助餐	
Continuous processing 連續流程				石油、鋼鐵、造紙、麵粉

Unit 5-3
製造結構與生產布置(I)──產品布置與製程布置

圖解生產與作業管理

企業因應不同的製造需求和產品結構,會有相對應的機台布置與規劃,其目的在使生產效率能極大化並且使不必要的浪費和存貨得以最小化,以下將說明在工廠設施規劃中最常見的產品布置與製程布置:

1. 產品布置(product layouts)經常使用於連續流程(continuous processing)

產品布置旨在達成系統中大量產品或顧客順暢與快速流動,需搭配連續性的生產設備與高度標準化產品或服務方可達成。

(1) 產品型布置的優點

・產出率較高,藉由大量生產降低單位成本,還能將專業化設備之高成本分攤到單位產品上。

・設備專業度高,但勞工專業化不需太高,訓練成本與訓練時間可降低。

・因產品依循相同的作業程序運作,物料搬運可以簡化,且搬運成本可大幅降低。

・系統設計時即涵蓋產品的大量生產途程與日程安排,支援部門如會計、採購、財務或物料管理制度例行化程度較高。

(2) 產品型布置的缺點

・過度分工往往造成工作枯燥乏味,可能導致員工士氣低落,對於設備維護或產品品質的提高,大多不感興趣。

・對於產出量或產品、製造過程的設計改變缺乏彈性。

・設備一旦故障,產生損失嚴重,因此預防保養、立即修復能力與備用零件存貨都是必要的費用。

2. 製程型布置(process layouts)經常使用於訂單流程(job shop)或批量流程(batch process)

製程布置的設計旨在執行或提供各種不同加工需求之服務,特別是當這些產品或服務所需要加工條件的變異非常大。

(1) 製程布置的優點

・系統可處理各種不同的加工需求且較不易因單一設備故障,導致生產停頓之現象。

・一般用途的設備比起產品布置的專業性設備,成本通常較為便宜,而且保養成本較低。

(2) 製程布置的缺點

· 較常使用批次生產，故在製品存貨成本可能較高。

· 設備利用率較低，對每一項產品的製造途程、日程安排、機器設置等都應特別注意，因為低產量會導致較高的單位成本。

· 每單位移動或搬運成本比產品布置更高。

· 工作複雜性常會減低監督跨距，監督或管理成本會較產品布置來得高。

產品與製程布置之比較

項目 ＼ 布置型態	產品布置	製程布置
說明	以專業化的設備搭配產品屬性進行規劃，提供標準化的加工	人員功能性安排與設備採彈性的設計，以便能處理多樣化的加工要求
布置焦點	平衡生產盡可能避免瓶頸，以達到工作流程順暢	在滿足產品多樣化的同時，還要致力於降低成本(搬運及在製品成本)
產品或服務之變異	低度	中度至高度
工人之技術水準	低、半技術	半技術至高技術
生產的彈性	很低	中度至高度
數量	大量	低量至中量
在製品存貨水準	低	高
物料搬運	固定路徑	變動路徑
設備維護之主要方法	預防保養	視需要而定
利潤來源	低單位成本、高生產力	能滿足各種不同的訂單需求
產品示例	汽車、手機或鋼鐵業	傢俱、現做早餐、模具加工
服務示例	自動洗車、麥當勞、自助餐	汽車修理、健康檢查、餐廳服務

Unit **5-4**
製造結構與生產布置(II)──U型布置與固定布置

1. U型布置

　　及時生產流程(JIT)鼓勵使用U型布置，雖然直線生產線直覺上較令人喜好，然而U型生產線具有許多優點，值得考慮採用。

(1) U型布置的優點

・U型布置長度往往只是直線生產線長度的一半。

・U型布置會增加生產線工人之間的溝通，因為工人群集在一起，而工作易於協調一致。

・工人不僅能處理接鄰工作站的工作，而且也能處理生產線兩邊工作站的工作，故工作指派之彈性因而大增。

・倘若原料進入工廠與製成品離開工廠之地點相同，U型布置就能使物料搬運最小化。

・可減少人員移動，避免造成壅塞或瓶頸。

・重工得以減少，U型布置將使得產線更易於關注並解決品質的問題。

(2) U型布置的缺點

・員工的技能須大幅提升，培養成為多能工需要耗費較高的訓練成本。

・對於品質的要求極高，須不斷地針對品質問題加以改善。

2. 固定位置布置(fixed-position layouts)經常使用於專案生產(project production)

　　在固定位置布置中，產品或工作項目保持固定，而工人、原料與設備依需要而移動。這與產品布置或製程布置有顯著的不同。通常產品性質決定此種安排方式：重量、大小、體積或其他因素使產品的移動不可能或極為困難。如飛機、遊艇或核電廠的建造。

(1) 固定位置布置的優點

・工作彈性很大。

・人員和設備的配置具有更高的彈性。

(2) 固定位置布置的缺點

・產出量極低。

・需要高度技術的人力資源。

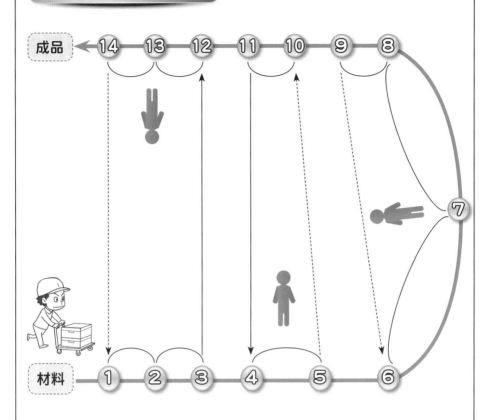

固定位置布置

　　在固定位置布置中，產品或是被製造的對象或可說是項目保持固定不動，是由人員、機具、材料或相關設備移動到產品所在的位置，舉凡飛機、遊艇、超高層大樓或是機場，都是用此種布置方式來進行生產。

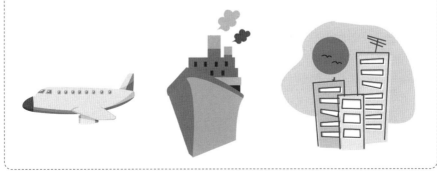

Unit **5-5**
製造結構與生產布置(III)──單元布置與功能布置

企業為使機器設備和顧客訂單有相對應的匹配,目的在使生產流程能夠更順暢、再製品存貨能減少且易於管理,遂發展出群組技術,依據機器設備及產品加工流程的屬性重新規劃設施。

1. 單元布置(Cell Layout)

是一種由「機器群」組成所謂單元的布置型態,一個單元主要專責一組類似的項目或族群的工作,所謂的類似項目與族群所指該作業需要類似的加工。一個單元可以包括一部機器、一組沒有輸送機連接的機器(自動轉換)或由輸送機連接的流程生產線。在單元布置中,假設有零件族{1},{2},{3},{4}欲加工生產,如右圖所示,機器安排都是用於處理相似零件族所需的作業,因此,雖然可能會有稍許變動(例如:跳過一個作業),但是基本上所有零件都會跟隨同一途程前進,單元製造的好處包括:

(1) 完成時間較快。
(2) 物料搬運較少。
(3) 在製品存貨較少。
(4) 機器籌備時間降低。

2. 功能布置(Functional Layout)

功能布置是根據零件族的生產流程,加以排列組合而成的設施方式,主要是希望減少物料的搬運,提升生產製造的效率,這樣的布置將更精省設備的數量提高機台利用率,假設有零件族{1},{2},{3},{4}欲加工生產,功能布置的範例,如右頁圖所示:

(1) 功能布置的優點
・增加機器設備的使用率,不易造成生產設備的閒置。
・人員和設備的配置更具彈性。
・設備投資成本較低。

(2) 功能布置的缺點
・物料的搬運距離增加。
・生產時間較長。
・需要更妥善及縝密的生產計劃與排程,才不致於造成生產設備的閒置。

單元布置

功能布置

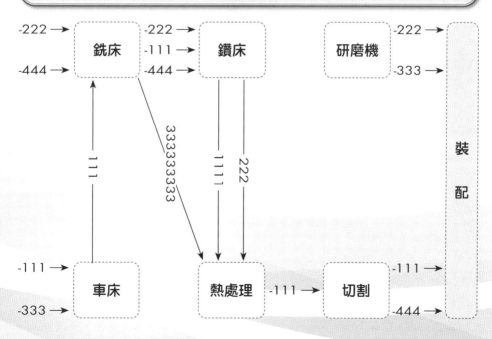

Unit **5-6**
製造結構與生產布置(IV)──群組技術

1. 群組技術(Group Technology)

　　為使單元布置和功能布置能有效達成，必須把具有相似加工特性之產品集中在一起，並將它們群組成零件族群(part families)，此集中的過程就是所謂群組技術(group technology)，群組技術的步驟程序如下：

(1) 看哪幾個零件需在機台1作業(3,4,7)先輕輕劃掉。
(2) 看哪幾個機台會加工到零件1 (2,6,10)先槓掉。
(3) 再看看是否有哪一個機台或零件在上述二步驟可加入此一群組。
(4) 重複上述循環，看看是否可成為另一群組。

機台 ＼ 零件	1	2	3	4	5	6	7	8
1			1	1			1	
2	1		1				1	
3					1	1		1
4		1			1			
5		1			1	1		1
6	1		1				1	
7		1					1	1
8		1					1	1
9		1			1			
10	1			1			1	

　　採用群組技術的目的，是希望透過聚集相似的製造零件族群，使之盡可能在設備單元內工作，達到縮短物料移動距離、增加製造熟練度並提高生產力。

(1) 群組技術的優點

・順暢的物料流程。
・較短的停滯時間。
・在製品數量減少。
・較少的搬運距離。
・設備投資較省。

(2) 群組技術的缺點

・設備單元內的員工需培養為多能工。
・生產線平衡不易達成。
・設備單元內的產出受限於產能瓶頸的機台。
・設備維修保養需確實。

群組技術的加工範例

【群組一】

機台＼零件	1	3	4	7
1		1	1	1
2	1	1		1
6	1	1	1	1
10	1		1	1

群組一可生產零件1、3、4、7

零件1、3、4、7可視為一個製造零件族群，因為這些零件的生產製造共同使用機台1、2、6、10。

【群組二】

機台＼零件	2	5	6	8
3		1	1	1
4	1	1		1
5	1	1	1	1
7	1		1	1
8	1		1	1
9	1	1		

群組二可生產零件2、5、6、8

零件2、5、6、8則視為另一個製造零件的族群，這些零件的生產製造共同使用機台3、4、5、7、8、9。

延伸討論：若零件7和零件10應客戶要求，需增加機台5和機台8的工序。

方法一：在群組一再增加機台5和機台8。

方法二：零件7和零件10移動至群組二加工。

方法三：如果零件7和零件10的訂購量夠大，可另外增加一個只有機台5和機台8的群組三。

Unit **5-7**
製程平衡的技術──生產線平衡

生產線平衡是以生產線的最佳效率為目標，依據生產的工序和產品的循環時間來進行工作的併站。工作站合併旨在考慮透過併站減少作業人數，假設原本有三個工作站，需要三個作業員，如果可以透過併站，將三站併成兩站，則僅需兩位作業員即可完成工序，既不影響生產又可提升效率。

1. 生產線平衡的程序

(1) 求出循環時間(Cycle Time；CT)與理論上最少工時(Min)之工作站數(N)。

(2) 從第一個工作站開始，依序進行工作指派。

(3) 指派工作指派前，依據下列標準，求出哪些工作可以指派給工作站：

・所有先行工作均已指派過。

・新併入的工作站工時不會超過循環時間。

(4) 工作站合併的法則，常見的有以下兩種：

・以最長的工作時間，進行工作指派。

・以最多的後續工作數，進行工作指派。

(5) 繼續進行工作指派，直到所有的工作都指派給工作站為止。

(6) 計算併站前後的績效指標，如閒置時間百分比或效率等。

2. 生產線平衡的改善方法

欲進行生產線平衡，有以下幾項改善方法可以來提升生產線的效率：

(1) 找出瓶頸作業或機台，一般而言，瓶頸站的處理時間較長，且工作站前會有半成品的堆積。

(2) 將瓶頸機台的作業部分分割給其他工序。

(3) 合併相關工序，重新安排工序，或是分解作業時間較短的工序，再重新安排工作至該工序的前一個工序或是後一個工序。

3. 生產線平衡的意義

(1) 提高人員和設備的效率。

(2) 減少產品生產過程中的工時耗損。

(3) 減少在製品，實現順流生產。

(4) 當產線較複雜時，可搭配其他的手法，例如：動作分析、規劃分析等，再加以改善。

範例說明

W1	W2	W3	W4	W5
1 min	4 min	6 min	3 min	2 min

1. 求出循環時間與理論上最少之工作站數

(1) 循環時間等於生產線上，工時最長工作站之作業時數：

$$CT = \max(tj) = 6\text{分(工作站 3 的作業時數)}$$

(2) 求最少工作站數(Min, N)：

$$(Min, N) = \frac{\sum tj}{CT} = \frac{1+4+6+3+2}{6} = 2.66 \Rightarrow 3 \text{ (站)}$$

2. 從第一個工作站開始，依序進行工作指派

(1) 工作站1與工作站2合併，合併後工時為5分鐘(4min + 1min = 5min)，若要再合併工作站3，累積工時為11分鐘，會大於循環時間6分鐘，故不得再合併。

(2) 工作站3不可再與其他站合併。

(3) 工作站4與工作5合併，合併後工時為5分鐘(3min + 2min = 5min)。

3. 合併工作站之結果

W1'	W2'	W3'
5 min	6 min	5 min

4. 計算效率 & 閒置率

(1) 平衡效率 = $\dfrac{\sum tj}{n \times CT}$

合併前：平衡效率 = $\dfrac{\sum tj}{n \times CT} = \dfrac{16}{5 \times 6} = 53.33\%$

合併後：平衡效率 = $\dfrac{\sum tj}{n \times CT} = \dfrac{16}{3 \times 6} = 88.89\%$

(2) 閒置率 = 1 − 平衡效率

合併前：閒置率 = 1 − 平衡效率 = 1 − 53.33% = 46.67%

合併後：閒置率 = 1 − 平衡效率 = 1 − 88.89% = 11.11%

Unit **5-8**
產能策略之重要觀念——利特爾法則(Little's Law)

Little's Law是由麻省理工史隆商學院(MIT Sloan School of Management)教授John Little於1961年所提出的，該法則是一個有關系統產出、在製品數量與循環時間三者的關係方程式。

$$系統產出 = \frac{在製品個數}{循環時間}$$

$$Throughput = \frac{WIP}{Cycle\ Time}$$

由此方程式可得知，要增加系統的產出，可以透過增加在製品的個數(提高WIP)或是減少循環時間(降低CT)，如何能夠增加在製品數量？常見的作法就是盡可能地投料生產，讓產線中的閒置和餘裕時間降到最低；那要如何縮短生產循環時間？可以利用工業工程的手法改善設備的生產力或是解決系統瓶頸的問題。

然而，工廠的產能並非無限；換言之，即便在製品數量增加，但產出量總是會有一定的極限。在製品增加，初期確實能夠增加系統產出，但是到了某個階段，在製品再增加或是上游不斷投料生產，系統產出也無法持續再增加，此即為系統的產能極限。

在製品數量的增加，初期不會對循環時間產生影響，所以系統的產出可以增加，但是，當在製品增加到某一個階段，會造成循環時間大幅的增加，表示系統中已經堆積了太多的在製品而無法順利消化，導致循環時間暴增，此時系統產出將無法再增加，達到所謂產能的極限。故降低循環時間，使在製品順產，可以提高系統的產能。

小博士解說

(1) 所謂的循環時間，是指兩個產品產出的間隔時間。

(2) 當在製品存貨提高時，系統產出就會隨之而提升。

(3) 當循環時間縮短時，系統產出就會隨之而提升。

(4) 但並非在製品數量一直增加，系統產出就會一直增加，畢竟系統的產能終究還是有限制的。

(5) 產線不斷投料的結果，即便在製品增加的數量不多，但循環時間卻會驟增，致使產能無法再推升了。

利特爾法則(Little's Law)

$$系統產出(TH)\uparrow = \frac{在製品個數(WIP)\uparrow}{循環時間(Cycle\ Time；CT)\downarrow}$$

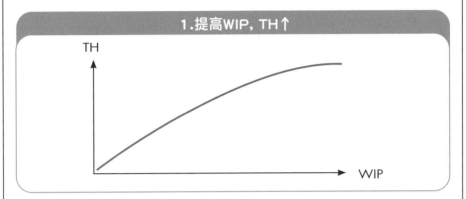

1.提高WIP, TH↑

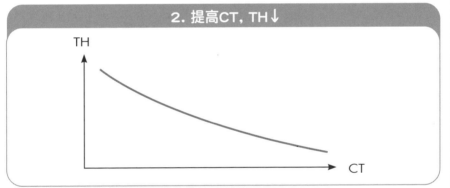

2. 提高CT, TH↓

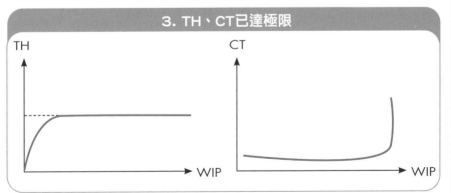

3. TH、CT已達極限

　　當WIP不斷增加，TH最終會達到極限，即不再持續增加，代表此時已近似達到產能的極限。

　　同樣的，WIP不斷增加至某一階段，產品的CT會急遽上升，不僅對系統無益，反而造成傷害。

第 6 章
設施規劃與廠址決策

章節體系架構 ▼

Unit **6-1**
廠址決策之特性、方案與程序

　　廠址決策(location decision)，舊稱「廠址選擇」，由於服務業的興起，許多製造業廠址選擇的概念，同樣適用於服務業「賣場」或「場地」的地點規劃，亦可稱為「場」址選擇，廠址決策之所以重要，乃在於企業一旦決定了工廠的設置地點後，不可能輕言變更，對後續作業成本的影響甚鉅。

1. 廠址決策所考量的成本

　　(1) 運輸成本：設在城市、鄉村、郊區的運輸成本大不相同，有些企業以鄰近原料地點為設置優先條件，有些則是以鄰近顧客為優先。

　　(2) 人工成本：不同的設置地點，人力成本差異極大，主要考量該產業所需的人力素質以及該產業供應鏈整體的環境以及對人力的需求。

　　(3) 聯繫成本：通訊費用和通訊方式，因不同的國家與地區而有差異。

　　(4) 稅賦成本：每一個國家的稅制與法律均不同，有些國家被稱之為避稅天堂，因此吸引了許多的公司前來註冊。

　　(5) 其他隱藏成本：政府清廉度、匯率變動的損失、基礎環境、勞動條件等條件均會影響企業營運的成本。

　　伴隨著成長，企業的經營規模往往會不斷的擴大，一旦現址不敷使用時，擴廠的需求就產生了。

2. 在面對增產決策時，企業可選擇的方案

　　(1) 原廠擴充：可在現有的地點擴充產能，惟需考量空間大小、環境負荷及企業營運策略等項目。

　　(2) 保留原廠，加闢新廠：保留原來的廠房，另尋合適的地點增闢新廠。

　　(3) 關閉原廠，另遷新廠：關掉原來的廠房，另尋合適的地點增闢新廠。

　　(4) 維持現狀，暫時不動：雖然業績似有增長，但考量未來景氣的循環及市況不明，暫時不增設新廠。

　　經過縝密的評估後，企業如果決定另覓新址，則將開啟廠址設置評估程序。

3. 廠址決策的程序

(1) 設定廠址決策的目標與策略。	(2) 廠址需求分析。
(3) 蒐集與分析資料(商圈分析)。	(4) 發展地點方案。
(5) 考量因素，訂出權重。	(6) 評估與選擇方案。
(7) 實行方案。	(8) 檢討與修正。

企業特性與廠址之選擇

企業種類	營運特性	廠址選擇之需求
連續性生產之製造業： 仰賴大量原物料的製造業，例如：鋼鐵業(煤、鐵為主要原料)、釀酒業(小麥、高粱為主要原料)	原物料取得的方式與成本，是該產業重要的營運管理項目之一	1. 鄰近原物料的產地 2. 鄰近港口或是機場
專案式生產之製造業： 營造業或航太業	產品的體積或重量龐大，產品無法移動，而是人員、機具、設備或原料移動至專案地點	就近在施工地點附近或是人員、機具或設備容易調度及到達的地點設廠
一般製造業	整體考量各項需求，例如：原料的取得、產品的運輸、交通的便利、用地的取得、人員的聘僱等	廠址選擇需考慮土地、勞動力、機械、設備、運輸、營運、土地使用分類、法令規章等相關條件是否適宜
一般服務業	多半是以銷售或業務導向為主；以滿足顧客需求為主，方便業務人員服務客戶為輔	以鄰近顧客為廠址設置的主要考量

Unit **6-2** 製造業與服務業廠(場)址決策之考慮因素

廠址決策所要考慮的因素很多,這些因素可由宏觀到微觀,分為四個面向:

1. 國家(Nation)因素:地球上有七大洲,企業在投資設廠時,應可從全球運籌的角度來考慮廠址決策的因素,包括:

(1) 國家的態度與政局的穩定性:包含國家的政策、執政當局的施政方向、政府對於國內產業的保護、產業開放政策以及政黨競爭態勢。

(2) 經濟局勢與文化傳統:國民生產毛額、經濟成長率等,還有國民對於外來企業的接受度以及是否會造成社會文化的衝擊。

(3) 原料是否易於取得或是市場的接近性與成長性。

(4) 勞工的水準、勞動供給量、勞工成本、勞工態度、工會團體。

(5) 匯率的穩定性與金融市場自由化。

(6) 其他因素:法律、稅制等。

2. 社區(Community)因素:此一面向考慮的範圍較為縮小,考慮城市、鄉村、郊區等不同區域及營運環境是否適合設廠,包括:

(1) 環境與生活品質:醫院、學校、公園、郵局等的設立。

(2) 公用事業與交通設施:自來水、電力、瓦斯、通訊網路、機場、港口、高速公路、鐵路。

(3) 其他有關的社區因素:氣候、文化、稅率、土地與建築物成本、地方政府態度、社區環境限制、法規與居民的態度。

3. 地點(Location)因素

(1) 地點之面積、地質與土壤。

(2) 地點的營建限制,例如:文教區禁設廠,水源區禁止開發等。

(3) 供應商的鄰近程度。

(4) 交通運輸的管道及方式。

(5) 公害與環境影響。

當上述眾多條件各有擅長時,若是該區域設有專責的「工業區」、「加工出口區」或「商貿特區」,可能也是很好的選擇。

4. 服務業設立據點時,應考慮該據點所服務商圈或場域之各項因素,包括:

(1) 商圈或場域內顧客的消費能力。

(2) 商圈或場域內同業或異業間競爭的激烈程度。

(3) 商圈或場域內業者經營與管理的品質。

(4) 競爭特質屬良性或惡性。

(5) 廠址選擇是否具獨特性。

(6) 設施與臨近企業之品質。

(7) 是否有專責管理單位,負責維持秩序、整潔等。

影響廠址的決策因素

可慮項目	條　　件
原料或供應商的地點	接近程度、運輸方式、運輸成本、供應量、原物料品質、未來開發的潛力
消費市場	接近程度、配銷成本、貿易實務或交易限制
勞動條件	一般與特殊技能的供應力、勞工的年齡分配、對工作的態度、生產力、工資等級、失業補償法規、基本薪資與工時
生活品質	學校、購物區、住宅區、運輸交通、娛樂場所、醫療、警察等公共設施 
稅賦與環境法規	是否課徵直接稅、間接稅、環境保護稅或是有何種特殊的環境保護限制法規
獎勵措施	稅賦的減輕、低成本貸款、獎助金、法令的鬆綁、公務部門的配合
土地	取得成本、土壤特色、擴展空間、污水處理、停車空間、基礎設施
運輸管道	公路運輸、鐵路運輸、航空運輸或其他特殊運輸管道

Unit **6-3**
評估廠址方案之技術(1)──重心法

　　重心法(The centre-of-gravity method)是一種評估單一廠址或廠房地點的方法,此法之應用方式,首先先將各個需求點或是目的地在座標中的位置標出(目的在於確定各個地點的相對位置),再者,蒐集需求點或是目的地的需求量或運輸作為計算廠址時的參考資料,重心法的公式如下:

1. 不考慮目的地需求量或貨物量(權重)

$$L(\bar{X}, \bar{Y}) = \left(\bar{X} = \frac{X_1 + X_2 + \cdots + X_n}{n}, \bar{Y} = \frac{Y_1 + Y_2 + \cdots + Y_n}{n} \right)$$

　　其中 $\bar{X}$ 表示廠址設置點的X座標,$\bar{Y}$ 表示廠址設置點的Y座標,X_n 表示第n個地點的X座標,Y_n 表示第n個地點的Y座標。

2. 考慮目的地需求量或貨物量(權重)

　　這種方法主要考慮的因素是現有設施之間的距離和要運輸的貨物量,經常用於中間倉庫或分銷倉庫的選擇,廠址設置盡可能靠近運量較大的地點,使較大的貨物量可移動較短的距離。

$$L(\bar{X}', \bar{Y}') = \left(\bar{X}' = \frac{w_1 X_1 + w_2 X_2 + \cdots + w_n X_n}{w_1 + w_2 + \cdots w_n}, \bar{Y}' = \frac{w_1 Y_1 + w_2 Y_2 + \cdots + w_n Y_n}{w_1 + w_2 + \cdots w_n} \right)$$

　　其中 $\bar{X}'$ 表示考慮目的地需求量或貨物量之廠址設置X座標,$\bar{Y}'$ 表示考慮目的地需求量或貨物量之廠址設置Y座標,w_n表示第n個地點的需求量或貨物量。

小博士解說

系統模擬(System Simulation)

　　企業在進行廠址方案的評估、工廠內產線的規劃、動線的安排或是人流及物流的模擬分析,均可採用系統模擬的工具在硬體設備尚未購買或是評估方案之初來進行模擬,並得到試驗結果以資參考。

　　使用系統模擬來解決問題,應具備以下知識:(1)問題領域的知識:對於所欲解決問題對象有所瞭解;(2)模擬系統模型建構知識:熟悉建模工具或軟體的操作和邏輯;(3)模擬程式語言知識;(4)統計相關知識。

範例

　　某物流中心欲選擇倉庫的設置點,該公司配送的對象有四個,其位置和每週的裝運量如下,請分別計算不考慮裝運量的設置位置和考慮裝運量的設置位置有何不同?

目的地	X座標	Y座標	每週裝運量
D1	3	3	1,000
D2	4	4	800
D3	6	7	800
D4	5	2	400
總和	18	16	3,000

【解答】
(1) 不考慮裝運量

$$L(\overline{X}, \overline{Y}) = \left(\overline{X} = \frac{X_1 + X_2 + \cdots + X_n}{n}, \overline{Y} = \frac{Y_1 + Y_2 + \cdots + Y_n}{n} \right)$$

$$= \left(\overline{X} = \frac{18}{4} = 4.5, \ \overline{Y} = \frac{16}{4} = 4 \right)$$

　　物流中心設置位置在座標(4.5,4)

(2) 考慮裝運量

$$L(\overline{X}', \overline{Y}') = \left(\overline{X}' = \frac{w_1 X_1 + w_2 X_2 + \cdots + w_n X_n}{w_1 + w_2 + \cdots w_n}, \overline{Y}' = \frac{w_1 Y_1 + w_2 Y_2 + \cdots + w_n Y_n}{w_1 + w_2 + \cdots w_n} \right)$$

$$= \left(\overline{X}' = \frac{3 \times 1,000 + 4 \times 800 + 6 \times 800 + 5 \times 400}{3,000} = \frac{13,000}{3,000} = 4.33, \right.$$

$$\overline{Y}' = \frac{3 \times 1,000 + 4 \times 800 + 7 \times 800 + 2 \times 400}{3,000} = \frac{12,600}{3,000} = 4.2 \Bigg)$$

　　物流中心設置位置在座標(4.33,4.2)

113

Unit **6-4**
評估廠址方案之技術(II)——從至圖法

從至圖法(from-to chart)，此法是依據不同設置地點的距離且考慮各個部門的每日工作負荷量來綜合考量設施規劃，大至生產工廠，小至辦公室的布置，均可用此一方法來決定設置方式，從至圖法最常見的決策目標為運輸成本或運輸距離最小化。假定我們有三個地點A、B、C可以用來設置部門，這三個地點的相對距離如下表1所示，例如：從地點A移動至地點B距離為30公尺。

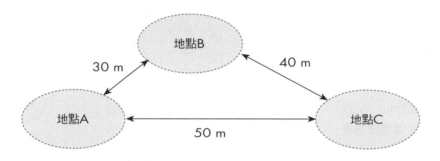

表1　不同地點(A、B、C)之間的距離

從 ＼ 至		地點(距離公尺)		
		A	**B**	**C**
地點	A		30	50
	B	30		40
	C	50	40	

從 ＼ 至		部門(每天工作負荷量)		
		1	**2**	**3**
部門	1		30	90
	2	60		70
	3	120	100	

使用從至圖來進行設施布置的目標，在使運輸成本或運輸距離最小化，因此，運輸量或工作量最大的部門，設置的地點其距離應該要最靠近，例如：部門1到部門3的工作量是90，部門3到部門1的工作量是120，總和居所有部門間之冠，應該設法擺放在距離最相近的地點。因此，部門1和3可考慮放在地點A或地點B。

地點	距離(公尺)	配對部門	工作流量	合計
A-B	30	3-1	120	210
B-A	30	1-3	90	
B-C	40	3-2	100	170
C-B	40	2-3	70	
A-C	50	2-1	60	90
C-A	50	1-2	30	

完成設施布置如下：

| 部門1 | 部門3 | 部門2 |
| 地點A | 地點B | 地點C |

假設每移動1公尺的成本是5元，依上述方式進行設施布置，每天的總運輸成本估算如下表：

部門	負荷量	地點	距離	負荷量×距離
1	2 (30)	A	C (50)	30×50×5＝7,500
	3 (90)		B (30)	90×30×5＝13,500
2	1 (60)	C	A (50)	60×50×5＝15,000
	3 (70)		B (40)	70×40×5＝14,000
3	1 (120)	B	A (30)	120×30×5＝18,000
	2 (90)		C (40)	100×40×5＝20,000
			總成本	88,000(元)

製造業與服務業廠址決策或設施布置的原則比較

製造業	服務業
・減少多餘或反向的物料搬運，造成生產紊亂。 ・減少各站之間的半成品或原物料堆積。 ・相依工作站位置鄰近，可使搬運距離減少，提高場地空間利用率。	・地點的選定以及店內環境的布置，應考慮顧客的便利性、感受、可辨別性、流暢等，減少不必要或不明確的空間規劃。 ・等待區的布置和服務區的布置同等重要。 ・讓員工易於提供服務給顧客的環境，有助於增進彼此的良好互動。

評估廠址方案之技術(III)——重要性與靠近程度之評等

另一種評估廠址設置的方式是由Richard Muther所提出，讓管理人員以主觀的方式先標註每個部門之間作業的相對重要性(分別以A、E、L、O、U、X來區分重要程度)，將所得到的資訊，彙總於下圖之格子內。

部門
部門1
部門2
部門3
部門4
部門5
部門6

代號	重要程度
A	絕對重要
E	很重要
L	重要
O	普通重要
U	不重要
X	盡量避免鄰近

範例

假設工廠有一個2×3的空間，位置如下圖，有1~6個部門欲放置到這些空間裡面，請根據前述每個部門之間作業的相對重要性，做出最佳的設施布置規劃。

【解答】

(1) 先將部門之間作業被評等為A或X的部門篩選出來，列示如下：

評等為**A**	評等為**X**
1-2	1-4
1-3	3-4
2-6	3-6
3-5	
4-6	
5-6	

(2) 評等為A的這一群中，出現次數最多的部門為部門6(出現三次)，因此，以部門6為中心，將關聯性為絕對重要的部門標示出來，如下所示：

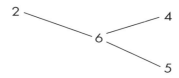

(3) 根據上圖，再將其他部門的關聯也依序加入。

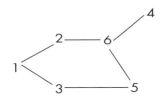

(4) 其次，將評等為X的部門(部門間盡量避免鄰近)，繪圖列示如下：

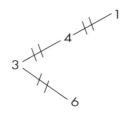

(5) 考慮部門6需要與最多的部門鄰近，但是部門6又必須和部門3遠離，所以，把部門6放在角落(可與三個部門鄰近，又可以使其和部門3遠離)，根據此一原則，將部門逐一安排至適當的位置，部門6與部門2、4、5相鄰，部門2與部門1相鄰而部門1又與部門3相鄰。再者，部門4與部門1和3又盡量遠離，部門6和部門3也遠離。

1	2	6
3	5	4

(6) 在較為複雜的情況下，此法未必是最佳解，可採取try and error或與啟發式方法來相互比較。

Unit 6-6
評估廠址方案之技術(IV)──損益兩平法

　　廠址方案的選擇與考量，可以用損益兩平法或可稱為成本－數量－利潤分析法 (cost-volume-profit analysis)，此分析方法可利用數字或圖形方式進行，圖形分析可提供視覺化的概念，易於說明在某個範圍內，方案之間的優劣比較。

1. 茲將成本－利潤－數量分析程序之步驟，列示如下：
(1) 求出每個地點方案的固定成本與變動成本。
(2) 在同一圖中繪出所有地點方案的總成本線。
(3) 就期望的產出水準而言，找出具有總成本最低的地點。

2. 成本－利潤－數量分析法具有如下的假設：
(1) 在可能的產出範圍內，固定成本為常數。
(2) 在可能的產出範圍內，變動成本為線性。
(3) 所需的產出水準能準確地估計出來。
(4) 僅涉及一種產品。

3. 就成本分析而言，茲計算每一地點的總成本如下：
總成本 $= FC + VC \times Q$　　　其中，$FC =$ 固定成本(fixed cost)
$VC =$ 每單位變動成本(variable cost)　$Q =$ 產出量(quantity)

118

範例

　　假定現在有四個地點方案可供選擇，不同方案的固定成本和變動成本列示如下：

地點	每年固定成本	每單位變動成本
A	$150,000	$15
B	$200,000	$10
C	$100,000	$30
D	$300,000	$35【比較可以先刪除D這個地點方案，因為該地點的固定成本和變動成本都高於任一個方案】

分析步驟如下：

　　(1) 將這些地點的總成本線繪於單一圖上，將每一地點之固定成本(產出=0)與 10,000單位的總成本繪於下圖，並將此兩點連成直線。

	固定成本	+	變動成本	=	總成本
A	150,000	+	15(10,000)	=	300,000
B	200,000	+	10(10,000)	=	300,000
C	100,000	+	30(10,000)	=	400,000
D	300,000	+	35(10,000)	=	650,000

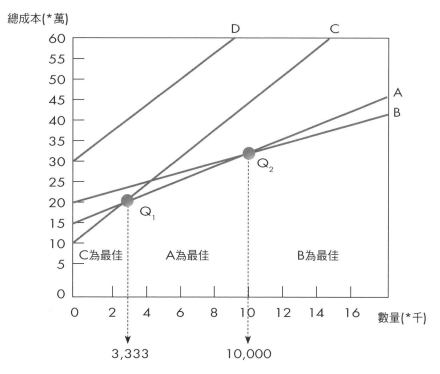

(2) 上圖顯示出各種不同方案在某近似產出範圍內具有最低總成本。請注意，D地點絕非最佳方案。從直線A與直線C以及直線B與直線A的交點，可求得正確的產出範圍。欲求這些交點，可令二個總成本方程式相等，然後解Q值即可。Q為損益兩平點的產出水準。

・直線A與直線C之情形如下：

    (A)   (C)

    $150,000 + 15Q_1 = 100,000 + 30Q_1$ $Q_1 = 3,333$單位(每年)

・直線B與直線A而言，其情形如下：

    (B)   (A)

    $200,000 + 10Q_2 = 150,000 + 15Q_2$ $Q_2 = 10,000$單位(每年)

(3) 結論，當產量介於0~3,333之間，以C地點為最佳；當產量介於3,333~10,000之間，以A地點為最佳；當產量大於10,000以上，以B地點為最佳。

Unit 6-7
運輸問題求初始解之技術(1)──西北角法與最小成本法

　　所謂的運輸問題是指在供應鏈中依據供給和需求兩方的供應量、需求量和運輸成本，以總運輸成本最小為目標的一種規劃方式，運輸問題如下表所示，從表中可得知，供給方A的總供應量為50，需求方1的總需求量為90，從A供應到1的運輸成本為9，在取得最佳解之前，我們可以嘗試先找到初始解，特別說明，初始解並非是最佳解，只是一個可行解而已，以下將介紹兩種常見的初始解，西北角法與最小成本法。

運輸問題範例

需求方＼供給方	A	B	C	D	需求量
1	9	8	3	2	90
2	17	4	6	7	210
3	5	10	13	11	300
供給量	50	120	200	230	600

　　(1) 西北角法：是從西北角(左上角)格開始，在格內的左下角標上允許取得的最大數；然後按行(列)標下一格的數；若某行(列)的產量(銷量)已滿足，則把該行(列)的其他格劃去；如此進行下去，直至得到一個基本可行解的方法。

【解法】

起點＼終點	A	B	C	D	需求量
1	9　[50] →	8　[40]	3	2	90
2	17	4　[80] →	6　[130]	7	210
3	5	10	13　[70] →	11　[230]	300
供給量	50	120	200	230	600

(2) 最小成本法(least cost method)：步驟如下：

① 尋找最低成本的方格。

② 將最大可行的運輸量分配給該方格，並劃掉該行或該列(或恰好是兩者)。

③ 從可行方格中尋找次最低成本方格。

④ 反覆步驟②和③，直到所有供應量皆分配完畢。

【解法】

(1) 最小的運輸成本是由D供應給1，運輸成本為2，運輸量為90

(2) 最小的運輸成本是由C供應給1，運輸成本為3，需求已經滿足

(3) 最小的運輸成本是由B供應給2，運輸成本為4，運輸量為120

(4) 最小的運輸成本是由A供應給3，運輸成本為5，運輸量為50

(5) 最小的運輸成本是由C供應給2，運輸成本為6，運輸量為90

(6) 最小的運輸成本是由D供應給2，運輸成本為7，需求已經滿足

(7) 最小的運輸成本是由B供應給1，運輸成本為8，需求已經滿足

(8) 最小的運輸成本是由A供應給1，運輸成本為9，需求已經滿足

(9) 最小的運輸成本是由B供應給3，運輸成本為10，供給已告罄

(10) 最小的運輸成本是由D供應給3，運輸成本為11，運輸量為140

(11) 最小的運輸成本是由C供應給3，運輸成本為13，運輸量為110

(12) 最小的運輸成本是由C供應給3，運輸成本為17，供給已告罄

供給方 需求方	A	B	C	D	需求量
1	9	8	3	2 90	90
2	17	4 120	6 90	7	210
3	5 50	10 110	13	11 140	300
供給量	50	120	200	230	600

Unit **6-8**
運輸問題求初始解之技術(II)——
佛格法

圖解生產與作業管理

延續上一個單元的運輸問題求初始解，本單元將介紹另一個尋找初始解的方法，稱之為佛格法(vogel's approximation method)，該方法的步驟如下：

1. 先將各行各列中最小之兩個cost相減，找出差額。

2. 差額最大之該行或該列中之最小cost優先運輸，已完成指派的該行或該列，其成本無須考慮。

3. 修正差額，重新運算。

範例

某公司的總管理處要派稽核員到分公司去進行業務稽核，現共有50位稽核員分駐各地分公司可供派遣，其中在台北有10位，台中25位，高雄15位，依照稽核計劃，花蓮分公司需要10位稽核員執行稽查，彰化分公司需要20位，高雄需20位，依公司規定，高雄分公司之查核工作只能由其他分公司的稽核員來進行稽核，下表為每位稽核員進行查核工作，公司所耗費之成本：

	花蓮分公司	彰化分公司	高雄分公司
台北分公司	100	170	250
台中分公司	150	50	100
高雄分公司	350	180	不得指派

(1) 第一次運算，最大差額為170優先安排，從高雄指派到彰化成本最小為180，優先安排稽核員人數15位。

(2) 第二次運算，最大差額為150優先安排，從台中指派到高雄成本最小為100，優先安排稽核員人數20位。

(3) 第三次運算，最大差額為120優先安排，從台中指派到彰化成本最小為50，優先安排稽核員人數5位。

(4) 無須再作運算，因為只剩下台北可指派到花蓮，安排稽核人員10位。

		花蓮分公司	彰化分公司	高雄分公司	列差額		
					(1)	(2)	(3)
台北分公司		100	170	250	$170 - 100 = 70$	70	70
台中分公司		150	50	100	$100 - 50 = 50$	50	100
高雄分公司		350	180	不得指派	$350 - 180 = 170^{(1)}$	–	
行差額	(1)	$150 - 100 = 50$	$170 - 50 = 120$	$250 - 100 = 150$			
	(2)	50	120	$150^{(2)}$			
	(3)	50	$120^{(3)}$	–			

	花蓮分公司	彰化分公司	高雄分公司	提供稽核員人數
台北分公司	100 〔10〕	170	250	10
台中分公司	150	50 〔5〕	100 〔20〕	25
高雄分公司	350	180 〔15〕		15
需要稽核員人數	10	20	20	50

結論說明

　　採用此法所得到的解(台北派10位到花蓮;台中派5位到彰化、另派20位到高雄;高雄派15位到彰化),僅為初始解,並非最佳解。

　　如欲求得最佳解,可參考Unit6-9的踏石法。

Unit **6-9**
運輸問題求最佳解之技術——踏石法

前述單元介紹了如何在運輸問題中尋找初始解的方法，本單元將進一步介紹如何運用踏石法(stepping-stone method)以及修正分配法(Modified Distribution Method；MOD1)找到運輸問題的最佳解。

以Unit 6-7最小成本法所得之起始解為例

需求方＼供給方	A	B	C	D	需求量
1	9	8	3	2　90	90
2	17	4　120	6　90	7	210
3	5　50	10　110	13	11　140	300
供給量	50	120	200	230	600

【解法】

(1) 找出目前並未分配到運輸量的位置(有六個分別為由A供應給1、由A供應給2、由B供應給1、由B供應給3、由C供應給1、由D供應給2)。

(2) 選定一個尚未分配到運輸量的位置，例如：由A供應給1，以此位置為出發點，往右找到由D供應給1，再往下找到由D供應給3，往左找到由A供應給3，然後回到出發點。將成本填入下表，成本變化計算方式依序為增、減、增、減，合併計算後成本為+13，表示在此一循環上，如果A供應給1多分配1個運輸量，運輸總成本將會增加13，這樣的運輸量改變，不僅沒有好處，反而增加了成本。

成本增加		成本減少	
由A供應給1(出發點)	+9	由D供應給1	−2
由D供應給3	+11	由A供應給3	−5
小計	+20	小計	−7
合併計算 + 20 − 7 = +13			

(3) 參考 (2) 的方法，以由A供應給2為出發點，再試算一次：

成本增加		成本減少	
由A供應給2(出發點)	+17	由C供應給2	−6
由C供應給3	+13	由A供應給3	−5
小計	+30	小計	−11
合併計算 + 30 − 11 = +19			

已知各方格之修正值如下：

方格	由A供應給1	由A供應給2	由B供應給1	由B供應給3	由C供應給1	由D供應給2
成本增減	+13	+19	+2	−1	−1	+3
				*	*	

　*由B供應給3或由C供應給1每增加一個運輸量，可以讓總成本減少1，在此以由B供應給3為例，在該循環中，最大可調整量為110，

(4) 改進解及成本減少之結果：

需求方＼供給方	A	B	C	D	需求量
1	9	8	3	2 ⟨90⟩	90
2	17	4 ⟨10⟩→	6 ⟨200⟩	7	210
3	5 ⟨50⟩	10 ⟨110⟩←	13	11 ⟨140⟩	300
供給量	50	120	200	230	600

　原總運輸成本 = 90 × 2 + 120 × 4 + 90 × 6 + 50 × 5 + 110 × 13 + 140 × 11 = 4,420
　改善後成本 = 90 × 2 + 10 × 4 + 200 × 6 + 50 × 5 + 110 × 10 + 140 × 11 = 4,310
　差額正好為：移動的運輸量 × 每移動一個運量可減成本 = 110 × (−1) = −110。

　(5) 結論：改善後成本為4,310，必須再重複上述1~3步驟，直到成本增減量不再出現負值，即可宣稱找到最佳解，經筆者確認後，目前所得到的總成本確實為最佳解。

第 **7** 章

工作系統規劃與設計

章節體系架構 ▼

Unit **7-1**
工作系統之定義與特性

　　工作設計(job design)主要是討論工作現場之內容與方法並加以規劃使之更有效率，工作設計的目的在於創造具有生產力、有效率以及安全的工作系統，需考慮各種不同作業方案的成本與效益，工作設計者關心的是，誰在工作(who)？工作如何作(how)？在何處做工作(where)？工作的內容是什麼(what)？工作的時段和長度為何(when)？

　　為了使工作設計能夠讓勞資雙方以及顧客都能得到滿意，工作設計必須：
- 由受過訓練且有工作背景之經驗人員來規劃並協助實行。
- 與組織機構的目標一致。
- 以書面的形式進行，以便能夠留下資料以利日後追蹤並持續改善。
- 管理者與員工均能瞭解並同意工作設計的內容和實施方式。

　　在工作設計方面有兩個基本思想學派：

　　1. 效率學派(Efficiency School)：效率學派以工業工程之父泰勒(Frederick Winslow Taylor)為代表，他的科學管理觀念強調以數字進行科學化的管理，改變了以往工作設計的邏輯與方法。

　　2. 行為學派(Behavioral School)：行為學派出現於1950年代，至此就影響到許多工作設計的面向，該學派主要在使管理者明白瞭解一個事實：「人類是複雜的動物」，強調工作必須達到人類慾望與需求的滿足，且缺一不可。

　　工作系統可採以下幾個方式來推動：

　　1. 工作擴大化(Job Enlargement)：係指擴大工人的工作範圍與內容，工作擴大後所增加的工作與原有的工作，應具有相同的技術與責任水準；工作擴大代表水平式工作負擔的增加，其目的在於增加員工所需之各種技術，期望能對整個企業作出更具體的貢獻，使員工覺得工作有趣且具有挑戰性。

　　2. 工作豐富化(Job Enrichment)：是指規劃工作與協調工作責任程度之增加，工作豐富化代表著垂直式工作負擔的增加，著重於激勵員工勇於追求工作滿足感，有人指出成就、認知與責任能產生滿足感，而監督、報酬高低與工作環境卻相反地容易產生不滿足感，工作豐富化增加了更滿足因素，是員工面對工作時成就感及滿足的泉源。

　　3. 工作輪調(Job Rotation)：定期讓員工交換工作的方式，能夠避免員工陷入厭煩而單調的工作而失去工作動力，員工長期從事厭煩而單調的工作，對於工作效能一點好處也沒有，工作輪調的好處可使員工擴大學習經驗，培養成日後企業倚重的工作幹部。

　　4. 專業化(Specialization)：專業化的例子從裝配線到醫療專業化俯拾皆是，大專院校教授通常專門教授某種課程，汽車技工專精於傳動系統之修理，有些糕餅店專精於結婚喜餅的製作，這些都屬於專業化的範疇，專業化強調個人對於產品或服務的某個特定項目有所專精，有其優點當然也會有負面影響，整理如右圖。

企業組織專業化之主要優、缺點

專業化的優點

企業管理方面

1. 訓練可以簡化
2. 高度生產力
3. 員工具專業可各司其職
4. 可以瞭解技術的最新發展

員工特質方面

1. 不需額外教育與技術需求
2. 責任區分
3. 可學以致用
4. 可以協助企業進行產學合作

專業化的缺點

企業管理方面

1. 品質激勵不容易進行
2. 工作不滿意或專業部分沒有受到公司重視而引起高缺席率、高離職率、對品質漠不關心
3. 專業的傲慢
4. 挑戰管理制度

員工特質方面

1. 單調厭煩的工作
2. 晉升機會有限
3. 專業化不利於溝通與分享
4. 跨領域的學習機會少
5. 專斷獨行

Unit **7-2**
工作系統流程分析工具(I)──流程程序圖

　　在進行工作系統設計之前，建議可使用流程分析工具對系統或作業的流程、人員以及機台等項目進行診斷及分析，分析的工具包括流程程序圖、人機圖、動作研究、馬錶時間研究、工作抽查等，本單元所介紹的流程程序圖是工作系統分析中最基本但卻極為重要的分析技術之一。

　　流程程序圖利用不同的圖示符號對生產現場或是某一個作業的流程作詳細的記錄，以便對零部件、產品在製造過程中有關操作、搬運、檢驗、儲存、等待五大作業被詳實的研究與分析，一旦流程經過這樣的記錄和拆解之後，便可檢視哪些程序是浪費而且沒有效率，進而可以進行改善，因為嚴格審查流程並檢視整個作業流程，針對操作者的動作或原物料的流程，在辨別哪些程序並未產生價值時，是非常方便的，以「生產線派員工至庫房請領零件之作業流程」為例，五大步驟包括操作、搬運、檢驗、儲存、等待都必須深入探討該項工作存在的必要性，以及該項工作產生了什麼價值，是否可以刪除、合併或是先後順序重新排列，進而能提高效率、減少錯誤率並降低人員和設備的負擔。

1. 流程程序圖的優點

- 以符號表示步驟，簡單易懂，表達清晰。
- 可用於流程改善前以及改善後之流程對照。
- 可以針對每一個步驟進行5W1H式的提問，以確保作業有價值，減少浪費。

2. 流程程序圖的缺點

- 並未以數據來呈現流程中各個步驟的情況，例如：搬運了多少的距離或耗用了多少的時間，建議可再加上距離或是時間的欄位，將更有利於評估及改善工作。
- 需針對待改善流程進行分析並繪製此圖，並非所有的流程都需要。

流程程序圖

符號　　步驟 流程	操作	搬運	檢驗	等待	儲存
生產線派員工至庫房請領零件之作業流程	◯	⇨	▢	◖	▽
1. 現場有零配件的需求，員工前往庫房領料		⇨			
2. 填寫零件領用表	◯				
3. 等待人員輸入電腦核對庫存量				◖	
4. 等待人員進入倉庫拿取所需零件				◖	
5. 拿到零件核對品名、規格與數量			▢		
6. 走回工作現場		⇨			
7. 生產線主管檢視領回的零件查看是否完好			▢		
8. 生產結束須將未用畢之零件繳回庫房		⇨			
9. 填寫退料單	◯				
10. 庫房填寫退料數量				◖	
11. 庫房檢視所退零件是否完好			▢		
12. 庫房將生產現場所退零件存放回倉庫					▽

Unit **7-3**
工作系統流程分析工具(II)——人機圖

　　人機程序圖(worker-machine chart)是用於分析作業人員與機器設備在同一操作週期中，人與機器相互搭配進行作業的各項作業流程與時間，此圖可將機器作業時間與員工作業時間以及兩者之先後順序表達出來。要繪製人機圖有幾個簡要的步驟：

① 必須先瞭解作業人員以及機器設備兩者之間的作業內容及正確流程。

② 必須瞭解作業人員及機器設備作業的先後順序或者有沒有同時一起作業的步驟。

③ 確定量測的起始點，考慮一個完整作業量測週期，從作業人員及機器設備作業同時起始點開始量測，直到同時完成時結束量測。

④ 量測作業人員及機器設備作業的時間，並將流程以及作業的時間記錄下來，繪製一張人機圖。

　　人機程序圖之目的，主要是在分析作業人員與機器設備之間的合作關係以及是否有閒置狀態，進一步思考如何提升效率、減少危害或是不良品的產生。此外，有助於瞭解操作員與設備是否忙碌或閒置於工作循環。

　　使用人機圖後，工作系統分析人員可以輕易看出機器與作業人員何時各自獨立工作以及何時工作同時進行，甚或是相互依存，根據作業人員與機器設備所占的時間，還可以用來進行作業人員與機台比例的計算，即可以透過此圖來算出一個人可以管理多少設備。

　　由右頁的組裝滑鼠的人機圖分析得知，作業人員有72%的時間在作業，但卻有28%的時間是閒置的，顯見人工作業的比例較高，改善的方式有以下幾項：

　　(1) 目前由作業人員負責的工序，是否應改為自動化設備來進行。例如：置放零件及主機板耗時16秒，占作業人員所有時數的44% (16/36)。

　　(2) 若置放零件及主機板可由機器負責，如此一來，作業人員工作時間僅為20秒(占40%)、機器設備工作時間提升為30秒(占60%)，可考慮一位作業人員兼看兩部機器，可提高生產效，率並同時減少閒置時間。

人機圖

產品：組裝滑鼠			操作員：○○○	
程序：SOP A-1			督察員：○○○	
作業流程	作業人員 工作時間	時間(秒)		機器設備 工作時間
1.將滑鼠下蓋之膠膜撕開	2			
2.放置到膠合機上	3			
3.塗膠	3			
4.熱風機將膠吹熱至黏稠狀				8
5.置放零件及主機板	16			
6.將滑鼠上蓋之膠膜撕開	2			
7.將滑鼠上蓋與滑鼠下蓋對合	6			
8.膠合機自動下壓				6
9.人員檢視接縫是否過大	2			
10.完成入箱	2			
工作時間總計(比例)	36(72%)			14(28%)
閒置時間總計(比例)	14(28%)			36(72%)

▨ 人員或機器的工作時間

Unit **7-4**
工作系統流程分析工具(III)——動作研究

22項動作經濟原則說明

---

1. 關於人體的部分

原　　則	說　　明
(1) 雙手動作應同時開始並同時完成	雙手同時開始及同時結束動作，作業人員能夠運用雙手同時進行作業，此舉可提高作業的效率也會更加協調。
(2) 除了休息時間外，雙手不應同時閒置	雙手應使其在工作時間內能充分被運用。
(3) 雙手動作應對稱、方向相反且同時為之	雙臂之動作應反方向、對稱並同時為之；雙手或雙臂運動的動作盡可能保持對稱反向；雙手的運動就會讓作業人員取得平衡。
(4) 手及身體的動作應盡可能以較低等級的方式運作，但又能得到良好成果為佳	作業人員的動作可依其難易度區分六個等級；等級一以手指為中心的動作；等級二以手腕為中心的動作；等級三以肘部為中心的動作；等級四以肩部為中心的動作；等級五以腰部為中心的動作；等級六走動、手與身體的動作以最低等級的活動為原則，動作等級愈低，動作愈簡單易行。
(5) 物體之動量應盡可能予以利用，但如需人體運用肌力制止時，應將其減至最小程度	善用物體移動的動量或重力，使之能讓人體感到輕鬆且易於完成工作，減少利用肌肉去減緩或阻止物體的動能。
(6) 順暢且連續的曲線運動，較方向突然改變的直線運動為佳	動作的過程中，如果有突然改變方向或急劇停止，必然使動作節奏發生停頓，動作效率隨之降低。因此，規劃作業時，應使動作路線盡量保持為直線或圓滑曲線。
(7) 慣性之運動，較受限制或受控制之運動輕快確實	慣性之運動使肌肉的受力或施力較少，例如：熟練的木匠在使用鐵槌敲打釘子時，會盡量少用肌肉的力量，利用慣性、重力、彈力等進行動作，減少動作投入，提高動作的效率。
(8) 動作應盡量使用輕鬆自然之節奏，使動作流利易於達成	作業人員的動作也必須保持輕鬆的節奏，讓作業者在不太需要判斷的環境下進行作業，順著動作的次序，把材料和工具擺放在合適的位置，是保持動作節奏的關鍵。
(9) 雙眼同時注視一物的時間盡可能減少且位置盡可能靠近	雙眼注視物體的時間不宜太長，且注視距離也不要太遠，盡可能靠近，可減緩雙眼的疲勞。

2. 關於工作場所布置

原　則	說　明
(10) 所有的工具和物料應有明確且固定的擺放位置	物料和工具都有定位，減少尋找時間的浪費。
(11) 工具、物料和控制器擺放位置應接近作業地點	工具、物料和控制器的擺放接近地點，可以讓作業人員減少移動、尋找、歸定位等不必要的動作。
(12) 善用料箱與容器搬運材料且擺放位置應接近作業地點	工作所需的材料、工具、設備等應根據使用的頻度、加工的次序，合理進行定位，盡量放在伸手可及的地方。
(13) 應利用重力原理使設備或物料墜送至工作者手邊	利用設備或物料的慣性、重力、彈力等，自然將物品送至作業者的手邊減省作業人員的施力。
(14) 物料和工具最好能依循作業的順序擺放置	將工具和物料依作業順序擺放，可使動作距離縮短、節奏也更順暢。
(15) 提供適當照明設備，使視覺滿意舒適	作業場所的燈光應保持適當的亮度和光照角度，這樣，作業者的眼睛不容易感到疲倦，作業的準確度也能有所保證。
(16) 提供舒適的工作椅，且工作站的高度應使坐立皆宜	作業場所的工作檯面應該處於適當的高度，讓作業者處於舒適安穩的狀態下，進行作業。
(17) 工作椅式樣及高度，應可使工作者保持良好姿勢	作業場所桌椅的高度應該處於適當的高度，讓作業者處於舒適安穩的狀態下，進行作業。

3. 關於工具和設備

原　則	說　明
(18) 盡量減少手的動作，而以夾具或足踏工具取代之	腳的特點是力量大，手的特點是靈巧，較為簡單或者費力的動作可交給腳來完成，對提高作業效率也大有裨益。
(19) 可將兩種或兩種以上的工具合併使用	進行複雜作業時，就需要用到很多工具，不免增加工具尋找、取放的動作，組合經常使用的工具，讓一個工具具備多樣功能。
(20) 工具物料應盡可以事先放置於工作位置上	事先作業可以節省作業時間。
(21) 手指分別工作時，應依照各個手指可負荷的力道予以分配	每一個手指的力道都不一，如同在設計英文鍵盤時就考慮到哪個手指負責哪個按鍵，可以讓作業最為流暢，動作最為省力。
(22) 機器上的各種控制裝置，應能使操作者以極少的變動姿勢，而能利用到機器的最大效益	工具最終要依賴人才能發揮作用，在設計上應注意工具與人結合的方便程度，工具的把手或操縱部位應做成易於把握或控制的形狀。

Unit **7-5**
工作系統流程分析工具(IV)──馬錶時間研究

馬錶時間研究是應用極為廣泛的一種工作衡量方法,特別適用於短程而重複性的工作,可用於觀察人員在作業週期時間內所花費的時間,利用量測到的時間,進一步制定該作業的標準工時,所建立的標準時間,可作為組織內其他工人從事相同工作之時間標準,現將馬錶時間研究的基本步驟列示如下:

1. 指出要研究的工作,並通知研究對象的工人。
2. 決定所觀察的週期數。
3. 測時與評比工人之績效。
4. 計算標準時間,標準時間的訂定,涉及下列三種時間之計算:

(1) 觀測時間(Observed Time;OT):觀測時間是所有觀測時間的平均數。

$$OT = \frac{\sum x_i}{n}$$ OT = 觀測時間,$\sum x_i$ = 所有觀察時間的總和,n = 觀測數

(2) 正常時間(Normal Time;NT):正常時間是根據作業人員對於工作的熟悉度不同,對時間進行調整。一般而言,若被量測之作業人員其作業熟練度較平均員工高,PR將小於1,若被量測之作業人員其作業熟練度較平均員工低,PR將大於1。

$$NT = OT \times PR$$ NT = 正常時間,PR = 績效評等

(3) 標準時間(Standard Time;ST):正常時間是工人在無其他干擾的情況下,執行工作所需的時間長度,然而在工作期間必要的延遲並未被納入考慮,例如:喝水、休息、詢答、等待機台修復等,標準時間將使用寬放因子來調整這些必要延遲。

$$ST = NT \times AF$$ ST = 標準時間,AF = 寬放因子

AF有兩種計算方法:

·若寬放是基於工作時間,則寬放因子必須使用下列公式計算:

$$AF_{工作} = 1 + A$$ A = 工作時間的寬放百分比

·若寬放係根據工作天工作時間的百分比計算,則可用下列公式計算寬放因子:

$$AF_{天} = \frac{1}{1-A}$$

範例

　　工廠的工業工程師針對某項新產品的組裝時間進行量測,一共量測了16次的作業,進而得出以下觀測時間,該名工業工程師考慮作業人員的技能是較為熟練的,因而給予績效評等1.2,並請使用30%的工作時間寬放百分比,求出此項新產品的標準作業時間(以分鐘計)。

次數	觀測時間	次數	觀測時間	次數	觀測時間	次數	觀測時間
1	68	5	72	9	75	13	73
2	71	6	74	10	80	14	75
3	64	7	73	11	77	15	80
4	77	8	69	12	72	16	74

【解答】

$n = 16$,$PR = 1.2$,$A = 0.30$

(1) $OT = \dfrac{\sum x_i}{n} = \dfrac{1,174}{16} = 73.375$ (分鐘)

(2) $NT = OT \times PR = 73.375 \times 1.2 = 88.05$(分鐘)

(3) $ST = NT \times (1 + A) = 88.05 \times (1 + 0.3) = 114.465$ 分鐘 (此即為該項新產品的標準組裝時間)

採用馬錶時間研究的時機

(1) 欲訂定標準作業時間,並用於控制人力成本。

(2) 可依此標準,制定獎勵制度。

(3) 可搭配機器的生產時間,進行生產線平衡及效率提升。

(4) 產品尚未生產時,即可估算成本,有助於掌握製造成本並提供給業務人員作為報價之參考依據。

(5) 作為企業實施標準成本制的基礎,可依此推估產量變化時,製造成本的改變。

(6) 用以決定生產日程及排程規則。

Unit **7-6** 工作報酬制度設計

　　企業組織給予員工報酬或薪水，不外乎是因為員工提供了勞務、心力、經驗和知識而應得的薪酬，對勞資雙方而言，可說是一種交換，不同型態的企業給付薪資的方式也有所不同，以下將介紹兩種常見的薪酬給付制度：

1. 以時間為基礎的計酬制(Time-based Payment System)

　　時間計酬制又可分為計時制(hourly payment)或計日制(daily payment)，這兩種方式均是依照員工的工作時間來計算應支付之薪酬，例如：每天的薪資為2,000元，約聘研究人員每週僅工作3天，1個月工作12天，每月所領薪資為2,000元 × 12天 = 24,000元。

2. 以產出為基礎的計酬制(Output-based Payment System)

　　產出計酬制是按員工產出量來給付薪酬，例如：每完成1把雨傘的組裝，且完成品質查驗，可得報酬25元，某位員工1天8小時，平均可組裝80把品質合格的雨傘，1個月工作25天，每月所領薪資為80(把雨傘/天) × 25(元/把) × 25天 = 50,000元。

　　對辦公室、行政、管理人員而言，時間計酬制較產出計酬制使用得更為廣泛，而對藍領階級的工人亦是如此。原因之一是這樣的薪酬計算較為直接，而管理者可以輕易地依照員工相對應的職位和人數，估算每月的人工成本。然而員工也較喜歡時間計酬制，因為此一制度給付穩定，每個月可領到多少薪水相去不大；再者，員工會排斥產出計酬制，因為該制度會使工作有較大的壓力，不過，如果深刻討論起來，上述兩種方式都不是很有彈性，以時間或是產出來計算報酬，都不是很有人性的計薪方式，因為兩者並沒有討論到如何實質的激勵員工並鼓勵員工持續成長的措施。因此，新的計薪方式為知識薪酬制，說明如下：

3. 以知識為基礎的薪給系統(Knowledge-based Payment System)

　　(1) 水平技術(horizontal skills)：表示該名員工願意接受且能執行同一階層但各種不同的工作。

　　(2) 垂直技術(vertical skills)：表示該名員工願意接受且能執行主管休假或代理主管出差時的任務，並且代為執行部門管理的工作。

　　(3) 縱深技術(depth skills)：該名員工對於技術或是專業有不同於其他員工的深入或是表現，使得產品品質和生產力能具體提升。

時間計酬制與產出計酬制之比較

		對企業而言	對員工而言
時間計酬制	優點	人工成本較為穩定	薪酬穩定
		薪酬成本易於管理	所產生的壓力比產出計酬制少
		薪酬計算容易	經濟收入安定感較佳
		產出穩定	
	缺點	無法激勵工人增加產出	額外努力卻無法得到應有的報償
		需發展出其他的績效評量制度來激勵員工	容易產生同工不同酬的現象
			經濟收入缺乏安定感
產出計酬制	優點	單位成本較低	薪資與努力成正比
		產出較多	有機會賺更多的錢
	缺點	工資計算較困難	薪資不穩定
		必須衡量產出	若工作難易程度不一，會產生給薪的誤差
		可能會疏忽品質	對於產品品質的認定容易有紛爭，因為直接牽涉到薪酬
		預算工資之增加難以預料	
		增加日程安排的問題	

生產與作業管理制度面

第 **8** 章
策略性產能規劃

章節體系架構 ▼

Unit **8-1**
產能之定義及有效產能的內、外在決定因素

1. 產能的定義

企業組織或是生產現場在談論何謂產能時，會因為產業或是慣例而有不同的定義和說法，在此所介紹有關產能的定義，是根據一般操作性的定義(operational definition)觀點來看，並非單指哪一個特定的產業，當然，這樣廣義適用於不同的產業，產能的定義有三種：

(1) 設計產能(design capacity)

製程或設備在最理想的狀態條件下，所能達成的最大產出，又稱為顛峰產能(peak capacity)，生產線一旦佈建完成，設計產能就不會再變更。

(2) 有效產能(effective capacity)

生產現場在既有的限制條件下，例如：環保法令的限制、勞動條件的限制、法令的變更與修改、設備老舊及更換、產品組合的變化、行銷策略及財務規劃等，引導或限制製程或設備原本所能達成的最大產出。

工業工程師肩負著持續改善的責任，公司內舉凡生產、品質、財務、成本等都是改善的對象，而有效產能的突破，是主要的工作內容之一，因為許多與系統有關的決策都會對有效產能造成直接的影響，而決定有效產能之主要因素可分為內在因素和外在因素，說明如下：

① 內在因素
- 產品(product/service)因素：如新產品開發、產品生命週期。
- 流程(process)因素：如品質、新製程開發。
- 設施(facilities)因素：如引進新機器設備、廠內布置改善。
- 作業(operation)因素：如新技術的應用、作業方式改善。
- 人為(human)因素：如多能工的養成、學習曲線縮短。

② 外在因素
- 產品標準：如玩具ST標準、CAS優良食品標準等。
- 安全規範：如作業場所安全規範、勞工安全衛生法規等。
- 工會協定：如不超時工作、不任意聘臨時工等。
- 汙染防治：如廢氣排汙染標準、廢水排放汙染標準。
- 噪音管制：如噪音分貝管制、環境影響評估等。

內在因素	設計產能	外在因素
1.產品因素	有效產能	1.產品標準
2.流程因素	實際產出	2.安全規範
3.設施因素		3.工會協定
4.作業因素(即生產作業)		4.汙染防治
5.人為因素		5.噪音管制

(3) 實際產出(actual output)

在有效產能的限制下，實際生產出來且品質合乎規範的產品數量。

2. 產能的衡量

(1) 效率(efficiency) = 實際產出 / 有效產能

(2) 利用(utilization) = 實際產出 / 設計產能

欲增加利用率則必須提高實際產出，而欲提高實際產出則必須提升有效產能；換言之，唯有在有效產能提升的前提下，再來談效率和利用率的增進，才有意義，因此有效產能的決定因素便顯得格外重要。

範例

假定有A、B兩工廠，設計產能皆為100噸

	A	B
設計產能	100噸	100噸
有效產能	70噸	50噸
實際產出	49噸	45噸

(1) 請計算A、B兩廠的效率和利用率：

A廠之效率 = 49噸/70噸 = 70%　　　B廠之效率 = 45噸/50噸 = 90%

A廠之利用率 = 49噸/100噸 = 49%　　B廠之利用率 = 45噸/100噸 = 45%

(2) 為何B廠之效率較A廠佳，但是其利用率卻較差？

因為B廠的有效產能僅有50噸，遠少於A廠的70噸，導致其利用率不佳，僅有45%，因此B場應致力於排除瓶頸，並使產品能順流生產，以提高有效產能為當務之急。

(3) 如果B能提升其有效產能，從50提升到70，參考它有90%的效率，則實際產出預計將有63。∴要提升有效產能。

知識補充站

發展產能彈性方案或是採取其他策略，都有助於產能的提升

(1) 把彈性設計於系統之中(CIM＝彈性製造系統＋模組化設計＋電腦系統＋生產計劃與管制)。

(2) 對產能改變從事大方向的研究(預先掌握系統的瓶頸，針對關鍵機器設備做敏感度的分析，瞭解總體產能與瓶頸機台產能之間的關係)。

(3) 準備處理大量的產能(少量訂單給外包廠，維持良好的關係以便能平衡淡、旺季之間的需求波動)。

(4) 企圖平滑化產能的需求(準確的預測有助於平滑產能的需求)。

(5) 認識最佳的生產水準(Little's Law)。

Unit 8-2
策略規劃與組織架構(1)——功能別組織

由於企業的特性不一，在決定管理組織時，應考慮企業的特性、規模大小，市場及企業本身組織的型態等因素，在進行策略規劃時，組織的設置也相當重要，不同類型的組織都必須衡量其協調原則及制衡原則，以下將逐一說明不同類型的組織其優、缺點以及特性。

1. 功能別組織

可分為分散式的功能別組織以及集中式的功能別組織。

(1) 分散式的功能別組織：所謂分散式的功能別組織是指依企業的各種功能建立組織，此一功能別組織可將工作量分散到各個組織，優點是部門間權責分明，各司其職，但缺點是各部門工作若是沒有良好的協調，可能會相互牽制，當目標無法達成或是有困難時，往往會互相推諉且作業容易重複與浪費，難以發揮組織之整體績效。

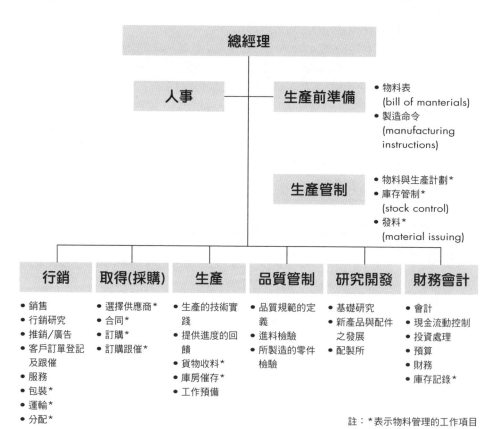

(2) 集中式的功能別組織：伴隨著企業的發展，某些特定的功能會愈受重視，因此有必要將部分的工作自各部門抽離出來，另外單獨成立一個部門，如下圖所示，管理的作業以往是散落在各個部門，現將之獨立出來，由於企業大型化之後，分工會更加細緻，如此一來，物料部門獨立可以使功能強化、士氣提振，選用的同仁可以更加專業與專責，不過這樣的組織也會因為工作專業而導致內容較為呆板，且對於非例行性的工作都不願負責解決，由於此類組織架構工作區分明確，並且常以部門的績效為先，往往會因此而犧牲了公司的整體績效，此為其缺點。

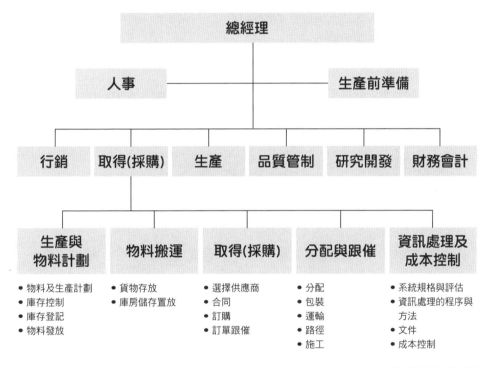

總經理

人事 ── 生產前準備

行銷　　取得(採購)　　生產　　品質管制　　研究開發　　財務會計

| 生產與物料計劃 | 物料搬運 | 取得(採購) | 分配與跟催 | 資訊處理及成本控制 |

- 物料及生產計劃
- 庫存控制
- 庫存登記
- 物料發放

- 貨物存放
- 庫房儲存置放

- 選擇供應商
- 合同
- 訂購
- 訂單跟催

- 分配
- 包裝
- 運輸
- 路徑
- 施工

- 系統規格與評估
- 資訊處理的程序與方法
- 文件
- 成本控制

註：＊表示物料管理的工作項目

Unit 8-3
策略規劃與組織架構(II)──地區別組織與產品別組織

上一個單元所介紹的功能別組織,在擁有許多跨地區甚至是跨國工廠的大型企業是很難作業的,因為每一個地區或國家都有其作業的特性,因此較適合因地制宜的方式來規劃企業組織,因此這類大型企業應以地區別為組織,較容易推行各項工作,特別是以服務業而言,不同的地域客戶屬性差異很大,所需要的服務內容也各異,以下將舉例說明地區別組織的特性。

2. 地區別組織

下圖是X公司在高雄、台中、台北及新竹所設立的工廠,這是以顧客服務為主體的企業經營模式,因為服務業強調市場接近性及服務及時性。

148

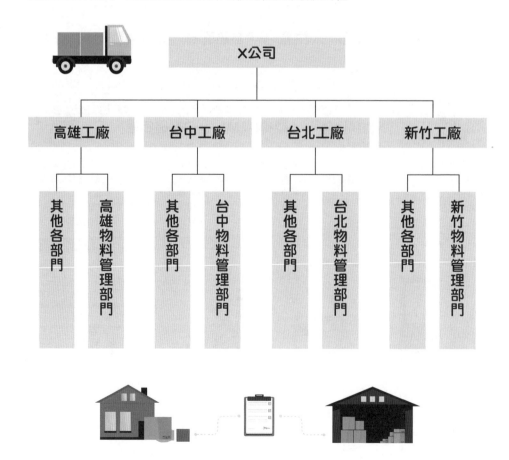

3. 產品別組織

　　而下圖所介紹的產品別組織，每一個產品別組織對自身的產品都非常熟悉，因此工作效率會大幅提升，通常採取功能別組織的企業，同時也會採用產品別組織，產品別組織由於專精於單一產品，可以單一產品利潤最大化，不過這樣的組織往往也有重複作業以及缺乏效率等缺點，當收音機製造工廠和電視機製造工廠都需要相同零配件時，就可能產生推諉塞責或相互不合作的情況，此時，Y公司的總部針對某些共通事務或零組件，必須發揮其統籌及集中辦理的協調功能，才不至於讓公司內部因內耗而失去競爭力。

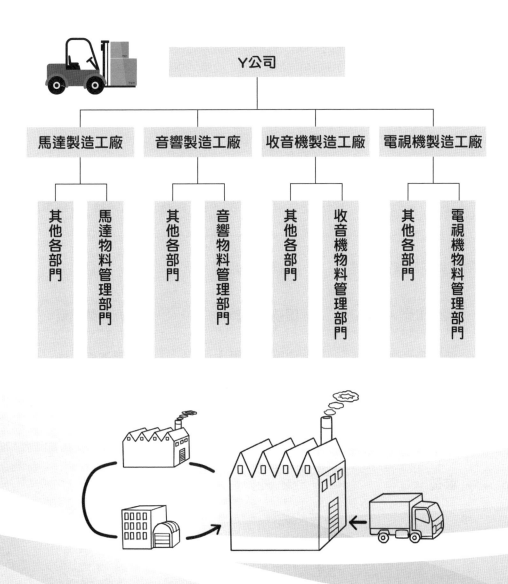

Unit **8-4**
策略規劃與組織架構(III)──製造階段別組織與集團式組織

　　製造階段別組織是依照產品生產流程所建立的管理組織，舉例來說，某項產品經由鑄造、沖壓車床、研磨、裝配等階段，在每一階段皆設有一位物料經理負責該階段所須之生產性物料，而非生產性物料，由另一位物料經理負責，為全廠提供服務。

4. 製造階段別組織

　　下圖表示此種組織之範例，每個物料經理負責其自己階段所需要之物品、管制存量、自行採購及催查，然而在訂單或批量生產的企業，以產品別組織顯然並不合適，採用製造階段別組織，可保持物料組織不致過於龐大，又可兼顧專精的效率，對全廠目標的達成，具有引導各階段作業的功能。

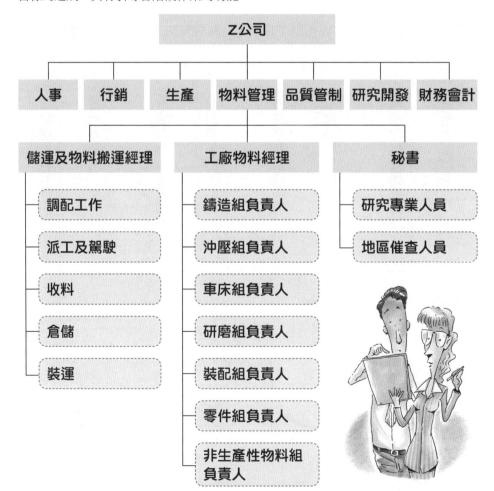

5. 集團式組織

　　集團式的組織架構，常設有CEO(Chief Executive Officer；總裁或執行長)、CIO(Chief Information Officer；資訊長)、CFO(Chief Financial Officer；財務長)等，當企業逐漸擴張，其組織階層也會漸次增加，但是其作業效率將大打折扣，一個簡單的文件，都要經過多次簽呈才能完成，也因此許多大組織公司採用分權方式，將企業分成許多較小的完整單位，每一單位如同一個半獨立性之企業，使經理人員更容易達成企業目標，對成本的控制也較嚴密，更能提供訓練未來經理人才的環境。

　　但分權的結果，就採購作業而言，往往是購買力的分散，採購的數量不僅會影響價格，連帶的也會影響供應商的服務、品質確保、交期控制等事項。為了彌補上述缺點，許多公司採取折衷方式，以便能同時獲取集權與分權之優點，於是乎便採取「直線與幕僚組織」。

　　當企業想要保留集中採購的優點，或是當公司的採購幕僚期望可談得最低價格時，可統籌各工廠所需物料一起對外購買並簽訂合約，若是交由各工廠自行購買，顯然其成本及價格會較高。然而在某些必要的時點，為培養各個工廠自己的購買力，由工廠自行決定亦被容許。公司幕僚僅提供許多協助，並監督工廠的物料管理作業，在最有利狀況，協調工廠物料經理作最有利之抉擇。

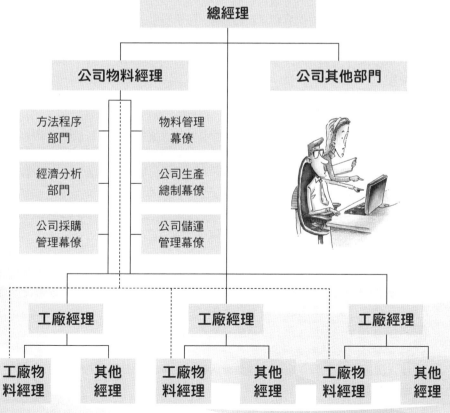

Unit **8-5**
服務業產能規劃與產能擴充四階段

1. 服務業的產能規劃重點

服務業在進行產能規劃時，所面對的課題與製造業不大相同，有下列幾點差異：

(1) 時間性

服務的提供無法儲存，必須在顧客需求產生的同時即刻作業，且顧客的生產與消費幾乎同時發生，如果無法即刻滿足顧客的需求，則消費者將對企業的服務品質認知下降。

(2) 接近性

服務業提供服務的地點都應盡量接近顧客，以便能及時作業，例如：租車業、餐飲業、醫療業等都必須鄰近顧客或是位於顧客容易抵達的地點，才能提供服務；寒暑假時，學校附近的商家門可羅雀，顧客少得可憐，開學後則學生絡繹不絕，因此，服務業在規劃產能時，應以10~30分鐘為一單位，而製造業則通常以日、週為單位，營建業甚至以季或年為單位。

服務業的產能水準，必須考慮每日的平均服務率(service rate)與顧客平均到達率(arrival rate)，當服務人員的作業量達到70%時，將使提供的服務人員感覺忙碌，但還是有足夠的時間將顧客服務做好，在某些特殊的服務業，因為無法提供服務必須付出很高的代價(例如：多處民宅失火，苦等不到救火車來搶救)，其產能規劃最好保持較低的利用率。

2. 服務業如何增設據點、擴大產能

很多服務業要擴大營業時，都會使用增設據點的方式擴大，有些還會規劃成連鎖加盟的方式，透過特許加盟等其他方式快速擴大經營規模。服務業的成長，一般而言會經歷四階段：

(1) 初始創業階段

經營主要考量的議題有二：

·投入設備等固定資產的資金多寡，此類資金稱之為沉沒成本，一旦投入了就無法再回收。

·當業績增長時，主要的生產要素(例如：人員和機器設備)該以何種方式擴增，由於服務業的內容變化較大，短期內是否能夠找到合適的人力來支應需求或增長，例如：便利商店的大夜班如果出缺，並不容易在短時間找到人來幫忙。

而面對未來的不確定性，業者經常用二種方式因應：

·培養多能工，使其能以一當十。

·自助式服務，讓消費者參與生產作業活動，減少作業人員的工作負荷。

(2) 合理成長階段

·原址擴充或增設服務項目的可能性，可以滿足更多的需求並擴增客群。

‧餅乾模型(cookie cutter)的成長法，將現有據點拷貝到其他地方，但仍須考慮到差異化，無論是製造業或服務業，若不能持續延續或作出差異化，可能都會落入惡性競爭，走入夕陽產業。

(3) 急遽成長階段

當企業快速成長時，經營複雜度也迅速增加，當管理者的能力不足以負荷時，即進入企業的「百慕達三角」地帶，隨時有衰退、甚至惡化倒閉的可能，所謂的「百慕達三角」是指企業因為要擴大經營，同時進行水平式(相關產業)以及集成式(非相關產業)的多角化，如果企業內部並未有足夠的資金或經營管理幹部，往往會落得左支右絀，甚至是破產倒閉的局面。

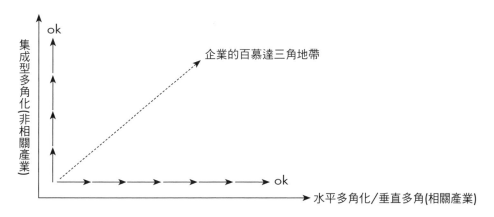

因應之道有二：
‧注入新觀念、新思維，以新的思想和作法突破困難。
‧現有設備升級、重組或擴大規模。

153

(4) 產業成熟階段

此一階段，由於產業成熟，導致價格競爭激烈，企業只好不斷提高生產力、降低成本或是率先創新突破重圍，以免在紅海市場中與競爭對手競逐微利。

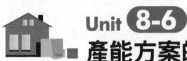

Unit **8-6**
產能方案的評估模式(I)──損益兩平點分析

　　發展產能評估方案的方式很多，本單元將介紹最常用的損益兩平點分析(Break-Even Point Analysis；BEP Analysis)，損益兩平點分析著重於討論成本、收益以及產出量之間的關係，分析的目的在於估算企業組織在哪種營運情況下會獲利、持平或虧損，可視之為比較產能方案的工具。

【變數定義】

(1) 總收益(Total Revenue；TR)：$TR = P \cdot Q$

(2) 價格(Price；P)

(3) 數量(Quantity；Q)：總收益 = 單位價格 × 銷售量 + (π)

(4) 總成本(Total Cost；TC)：包括總固定成本與總變動成本

(5) 固定成本(Fixed Cost；FC)：不隨產量或銷售量增減而變動的成本

(6) 總固定成本(Total Fixed Cost；TFC)：$TFC = (P - V_C) \cdot Q_{BEP}$

(7) 變動成本(Variated Cost；VC)：會隨著產量或銷售量而變動的成本

(8) 總變動成本(Total Variated Cost；TVC)：$TVC = V_C \cdot Q$

(9) π(期望利潤或設定利潤)：總成本 = 總固定成本 + 總變動成本 + 期望利潤

(10) 損益平衡總收益(TR_{BEP})

(11) 損益平衡數量(Q_{BEP})：$Q_{BEP} = \dfrac{TFC + \pi}{P - V_C}$

(12) 安全邊際 = $TR - TR_{BEP}$

(13) 安全邊際率 $= \dfrac{(TR - TR_{BEP})}{TR}$

(14) 邊際貢獻(marginal contribution)

(15) 邊際貢獻率 $= 1 - \dfrac{V_C}{P}$ (又稱利量率)

(16) 純益率 = 安全邊際率 × 邊際貢獻率 $= \dfrac{(TR - TR_{BEP})}{TR} \times \left(1 - \dfrac{V_C}{P}\right) = \dfrac{Net\ Income}{TR}$

【純益率之公式推導】

$$\frac{(TR - TR_{BEP})}{TR} \times \left(1 - \frac{V_C}{P}\right) = \frac{(PQ - PQ_{BEP})}{TR} \times \left(\frac{P - V_C}{P}\right) = \frac{(Q - Q_{BEP})(P - V_C)}{TR}$$

$$= \frac{PQ - V_C Q - (P - V_C)Q_{BEP}}{TR} = \frac{TR - TVC - TFC}{TR} = \frac{Net\ Income(\pi)}{TR}$$

$$(P - V_C)Q_{BEP} = (P - V_C)\frac{TFC + \pi}{P - V_C} = TFC + \pi$$

總成本與總收益相等的那一點即為損益兩平點，當銷售量小於損益兩平點時，有損失而沒有利潤，而銷售量超過損益兩平點時，有利潤而沒有損失。離開損益兩平點愈遠，所出現的損失或利潤就愈大。

【圖解】

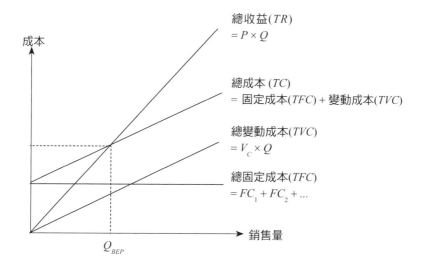

【總收益】$TR = P \times Q$ (總收益 = 單位價格 × 數量)

【總成本 + 目標利潤】$TC + \pi = TFC + TVC \cdot \pi = TFC + V_C \cdot Q + \pi$

【公式推導】

當 $TR = TC + \pi = P \cdot Q = TFC + V_c \cdot Q + \pi$

$\rightarrow Q_{BEP} = \dfrac{TFC + \pi}{P - V_C} \rightarrow$ 為邊際貢獻

$\therefore TR_{BEP} = P \cdot Q$

或 $TR^* = P \cdot Q^* = \dfrac{TFC + TVC}{1 - \dfrac{V_C}{P}} = \dfrac{TFC + TVC}{1 - (TVC / TR)}$

範例一

張三開設麵店一家，投入100萬元，每碗麵 $V_C = 8$元，售價30元。求以下各解：

(1) 邊際貢獻？

(2) 邊際貢獻率？

(3) Q_{BEP} (損益平衡的數量)？

(4) TR_{BEP} (損益平衡的總收益)？

(5) 若欲額外再賺50萬元，則TR_{BEP}？

(6) 當銷售額為200萬元時，其安全邊際是多少？

(7) 安全邊際率？

(8) 純益率？

(9) (Marginal Safety；MS 之應用)，若張三想在期末辦抽獎活動，金額為50萬元，請問是否有能力辦？

【解答】

(1) $P - V_C = 30 - 8 = 22$ (元)(邊際貢獻→即每碗麵可提供之利潤)

(2) $1 - \dfrac{V_C}{P} = 1 - \dfrac{8}{30} = 0.733$

(3) $Q_{BEP} = \dfrac{TFC}{P - V_C} = \dfrac{1,000,000}{22} = 45,455$(碗)

(4) $TR_{BEP}{}^* = P \cdot Q_{BEP} = \dfrac{TFC + \pi}{1 - \dfrac{V_C}{P}} = \dfrac{TFC + \pi}{1 - (TVC / TR)} = \dfrac{1,000,000}{1 - \dfrac{8}{30}} = 1,363,636.4$ (元)

(5) $TR_{BEP} = \dfrac{1,000,000 + 500,000}{1 - \dfrac{8}{30}} = 2,045,455$ (元)

(6) 安全邊際 $= TR - TR_{BEP} = 2,000,000 - 1,363,636 = 636,364$ (距離損益兩平的安全距離，愈大則愈安全。)

(7) 安全邊際率 $\dfrac{TR - TR^*}{TR} = \dfrac{2,000,000 - 1,363,636}{2,000,000} = 0.318182 = 31.82\%$

(8) 純益率 = 安全邊際率 × 邊際貢獻率 $= 0.7333 × 0.318182 = 0.233$

(9) MS $= 636,364 > 50$萬元

∴有能力舉辦

範例二

半導體廠打算增設一條生產線，每月攤提在新設備的費用約$60,000萬，每生產一片晶圓的變動成本為$20萬，而每片晶圓的售價為$70萬。

(1) 為達損益兩平點，該公司應出售多少片晶圓？

(2) 倘若每月出售1,000片晶圓，該公司之損益應為若干？

(3) 倘若每個月要有$40,000萬之利潤，該公司應出售多少片晶圓？

【解答】

$FC = \$60,000$萬，$VC = \$20$萬，$P = \$70$萬

(1) $Q_{BEP} = \dfrac{TFC}{P - V_C} = \dfrac{60,000}{70 - 20} = 1,200$ (片/每月)

(2) 就 $Q = 1,000$而言，π = 總收益 − 固定成本 − 變動成本 = 1,000 × 70(萬) − 60,000(萬) − 1,000 × 20(萬) = −10,000萬

(3) 在$P = \$40,000$下，求解先前方程式之$Q$如下：

$$Q = \frac{40,000 + 60,000}{70 - 20} = 2,000 \text{ (片晶圓)}$$

使用損益平衡圖進行營業狀況的判斷

(1) 損益平衡(現況)

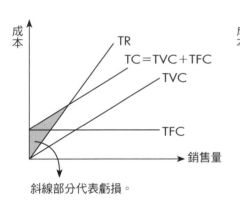

斜線部分代表虧損。

(2) 總固定成本和總變動成本均增加，但總營收不變，營業狀況惡化。

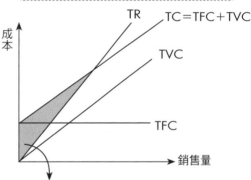

斜線部分擴大，代表虧損可能性增加。

(3) 總固定成本和總變動成本均減少，即使總營收不變，營業狀況好轉。

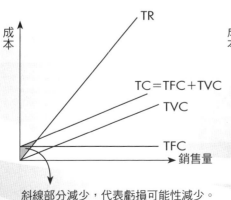

斜線部分減少，代表虧損可能性減少。

(4) 總固定成本和總變動成本均增加，但總營收亦增加，營業狀況持平。

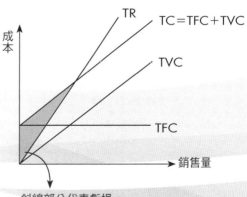

斜線部分代表虧損。

Unit **8-7**
產能方案的評估模式(II)──資本預算技術

　　資本預算技術是用以研究各種工程技術方案的經濟效益，探討各種技術在使用過程中，如何以最小的投入獲得預期產出，或是如何以等量的投入獲得最大產出，是用以評估投入的資本，在未來所產生的收益(λ)，於多久期限內可以回收的一項技術，常用的模式說明如下：

1. 以現在投入值計算未來報酬值

(1) 單利計算

【公式】$F = PV(1 + ni)$　未來值 = 現值(1 + 期數 × 利率)

【範例】現存入銀行100萬元，存款 ① 3年；② 30年($i = 5\%$)

　　　　① $F = 100萬(1 + 3 \times 5\%) = 115(萬)$

　　　　② $F = 100萬(1 + 30 \times 5\%) = 250(萬)$

(2) 複利計算

【公式】$F = PV(1 + i)^n$　未來值 = 現值 (1 + 利率)^{期數}

【範例】現存入銀行100萬元，存款 ① 3年；② 30年($i = 5\%$)

　　　　① $F = 100萬(1 + 5\%)^3 = 115.7625$ (萬)

　　　　② $F = 100萬(1 + 5\%)^{30} = 432.19$ (萬)

2. 以未來報酬值計算現在投入值(複利計算)

【公式】$PV = F/(1 + i)^n$　現值 = 未來值/(1 + 利率)^{期數}

【範例】希望在30年後退休時，銀行存款有1,000萬元

　　　　① 假定$i = 2\% \Rightarrow PV = 1,000萬/(1 + 2\%)^{30} = 1,000萬/1.811 = 552萬$

　　　　② 假定$i = 5\% \Rightarrow PV = = 1,000萬/(1 + 5\%)^{30} = 1,000萬/4.322 = 231萬$

3. 投資方案的比較

　　一般而言，投資方案可用淨現值法、還本期法和內部報酬率等來作比較。

(1) 淨現值法(Net Present Value；NPV)

$NPV = S_n$ (普通年金現值) $- I_0$(期初投資)

$$= \left[\frac{R_1}{(1+r)} + \frac{R_2}{(1+r)^2} + \cdots + \frac{R_n}{(1+r)^n} + \frac{W殘值}{(1+r)^n} \right] - I_0$$

if $NPV > 0$ 皆可投資

> 公式：$NPV = S_n \left[\dfrac{1 - (1+i)^{-n}}{i} \right] - I_0$

(2) 還本期法(payback period)

用起始的投資金額相較於每年累積的回收金額，計算多少年內可以回收。

(3) 內部報酬率(Internal Rate of Return；IRR)

令　$NPV = \left[\displaystyle\sum_{t=1}^{n} \dfrac{R_t}{(1+r)^t} \right] + \dfrac{W_t}{(1+r)^n} - I_0 = 0$　⇒ 所求的 r 值即為 IRR。

公式：$NPV = S_n \left[\dfrac{1-(1+i)^{-n}}{i} \right]$　已知 NPV，求得 i，即為 IRR

範例

有以下兩個不同的投資方案，請用淨現值法、還本期法和內部報酬率，判斷哪個投資方案較佳？假設利率(i) = 8%。

	方案A	方案B
	I_0 = 100萬元	I_0 = 120萬元
1	35	30
2	35	30
3	35	30
4	35	30
5		30
6		30

(1) 以NPV法判斷

$$NPV_A = 35 \left[\frac{1-(1+0.08)^{-4}}{0.08} \right] - 100 = 115.9244 - 100 = 15.9244$$

$$NPV_B = 30 \left[\frac{1-(1+0.08)^{-6}}{0.08} \right] - 120 = 138.686 - 120 = 18.684 > NPV_A$$

∴B案較佳

※把未來的年值，轉呈淨現值抵掉 I_0 即為現值收益

(2) 以還本期法判斷

$\begin{cases} \text{A案→3年還本(第1~3年已回收105萬)} \\ \text{B案→4年還本(第4年回收120萬)} \end{cases}$

∴A案較佳

(3) 以內部報酬率判斷

$$IRR_A \Rightarrow 100 = 35 \left[\frac{1-(1+r)^{-4}}{r} \right] \qquad ∴ IRR_A = 14.3\%$$

$$IRR_B \Rightarrow 120 = 30 \left[\frac{1-(1+r)^{-6}}{r} \right] \qquad ∴ IRR_B = 19.8\% > IRR_A$$

∴B案較佳

第 **9** 章
總合生產規劃

●●●●●●●●●●●●●●●●●●●●●●●●●章節體系架構 ▼

Unit 9-1
產能規劃之綜觀

1. 產能規劃的分類

產能規劃可由時間面、需求型態來區分，以下將分別說明之：

(1) 時間面：從涵蓋時間的長短來思考產能問題時，產能規劃可分為：

・策略性產能規劃(Strategic Capacity Planning；SCP)：屬於長期的產能決策，此種決策必須考慮長期趨勢(trend)與循環變動(cycle)。

・總合生產規劃(Aggregate Production Planning；APP)：屬於中程的產能決策，涵蓋時間從2、3個月到一年半，有時達一年半，主要考慮點在需求面與生產面的產能平衡。

・產能需求規劃(Capacity Requirement Planning；CRP)：屬於短期的產能決策，此種決策必須考慮季節變動與不規則變動。

(2) 需求型態：當選取的時段太短而難以分析季節變動時，可考慮由機率分配來處理需求之變動，例如：某一時間內顧客到達率可能是服從卜瓦松分配(poisson distribution)，餐點供應量在用餐尖峰時間最高，離此尖峰的其他時段則漸減，而呈現常態分配等，都是典型的例子。此外，企業亦可利用行銷策略的擬定來調整顧客的需求型態，例如：預付訂金可打折、非尖峰時段優惠或尖峰時段用餐限制。藉由資訊技術的發展，現代企業則會採用資料探勘(data mining)的技術來研究哪些因素會影響消費和需求，例如：7-11花了40億找出氣候和商品銷售之間的關係。

2. 產能規劃的考慮因素

產能規劃的考慮因素很多，包括下列幾個重點：

(1) 規模經濟：理想情況下，最適水準之產出率或最適當的生產規模。

(2) 彈性設計：替未來可能的擴展，預留下足夠的空間。

(3) 整體考量：從大處著眼，例如：餐飲店的座位數量增加一倍時，也要考量廚房大小、水電契約容量負荷、停車場、服務人員、乃至於盥洗室是否足夠？整體的配合度是否令人滿意？男、女廁設置數量的比例？動線？

(4) 平滑產能：是否能利用互補需求設計？如果不能，則可否用加班或外包等方式因應？

(5) 驟增產能：突如其來的需求暴增時，是否能迅速增加產能予以滿足。

3. 總合生產規劃

總合生產規劃(Aggregate Production Planning；APP)簡稱總合規劃(Aggregate Planning；AP)，也稱為整體規劃＝集體規劃＝期中規劃＝中期的生產規劃，它屬於中程的產能規劃，涵蓋時間從2、3個月到12甚至18個月，其目的在尋求供給面與需求面的產能平衡，右頁圖為總合規劃與其他產能計劃之間的關係。

產能規劃之綜觀

| 期間 | 產能規劃之內涵與關係 |

長期

預測
↓
產品設計 & 製程設計
↓
製造流程規劃
↓
策略性產能規劃(SCP)

中期

總合生產規劃(APP)
↓
粗略產能規劃(RCCP)又稱暫時的主生產排程
確定的主排程(Master Schedule)

庫存狀況檔 (Inventory Situation File; ISF)

ISF   MPS   BOM   物料清單 (Bill of Material)
↓   ↓   ↓
物料需求計劃(MRP)

短期

途程檔 (Routing Sheet File; RSF)

RSF   計劃訂單 (Planned Order)   WCF   工作中心檔 (Work Center File; WCF)
↓   ↓   ↓
產能需求規劃(CRP)
基準日程計劃
↓
訂單排程(中日程計劃)
指派法
↓
機器排程(小日程計劃)
派工
↓
跟催

Unit **9-2**
產能規劃如何因應淡旺季之需求

　　總合生產規劃是一個供給和需求間平衡的過程，當企業執行完策略性產能規劃(Strategic Capacity Planning；SCP)之後，地點的決定、生產線的製造能力以及產品規格都已大致底定，緊接著便是開始接單生產，然而顧客的訂單型態與數量並非一成不變，往往在某一段特定的時間中，生產規劃部門必須決定產能水準、生產流程、外包對象、存貨數量、補貨數量及定價模式，但無論是哪一個策略，最終目標都是希望能以最大利潤的方式去滿足需求。

　　多數企業都會面臨到淡季與旺季的問題，當旺季來到時，需求會大於產能，產品供不應求，容易產生機器與人力負荷過重的情形；相反的，當淡季來臨時，需求不足，產品供過於求的結果，也常造成閒置產能(idle capacity)發生，所以在執行總合生產規劃的決策時，可由兩方面來思考：一是需求面進行調整；二則是由產能面調整，其目的都是期望需求與產能達成均衡。

　　1. 從需求面因應的方法包括：
　　(1)定價；(2)促銷；(3)預收訂單；(4)服務；(5)新需求。
　　2. 從產能面因應的方法包括：
　　(1)加班；(2)兼職人員；(3)雇用人員；(4)庫存緩衝；(5)外包。

總合生產規劃需求面與產能面的調整策略

供需		旺季(供不應求) 需求 > 產能	淡季(供過於求) 需求 < 產能
需求面	(1)定價	定高價／漲價	定低價／降價
	(2)促銷	不促銷	促銷
	(3)預收訂單	不預收訂單	預收訂單
	(4)服務	正常服務	加強服務
	(5)新需求	維持現有需求	開發新需求
產能面	(1)加班	加班	減班／不加班
	(2)兼職人員	聘兼職人員	解聘／不聘用兼職人員
	(3)雇用人員	增雇員工	解雇員工
	(4)庫存緩衝	消化庫存	增加庫存
	(5)外包	委外加工	代客加工

　　企業採用外包生產策略或是當忘記供不應求時，會採取外包的策略，採取外包有其優點，當然也有其缺點：

優　點		缺　點	
1. 風險分攤	廠商可以把不確定需求的風險轉嫁給外包廠商	1. 風險規避過度	外包商經常被迫接受高風險的訂單，在獲利微薄或是訂單不穩定的狀況，有可能會降低品質或是被迫倒閉
2. 減少資本投資	無須投注資金添購設備或增聘人力	2. 失去成長的企圖心	長期依賴外包，有時反而會失去成長的契機
3. 可以更加專注於本業	對於專業可以精進，然後把較不具技術層次的訂單予以外包	3. 落入專業的盲點	過度專注於某項技術的研發，當有其他新技術被發展出來，可能會在一夕間失去領導地位
4. 增加企業營運的彈性	透過外包商的技術知識來加快產品開發週期的能力，並取得新技術和創新的能力	4. 競爭優勢的喪失	外包重要的訂單給廠商，廠商可能提供機會給競爭者，有企圖心和洞察力的外包供應商，可以突破再創新

知識補充站

問題一：產能規劃多久實施一次？
問題回答：原則上，長程規劃每年做一次或修訂一次，中程規劃每季或每月做一次，短期規劃則每週做一次。

問題二：總合生產規劃所探討的項目問題範疇為何？
問題回答：總合生產規劃的典型問題如下：已知生產期間為T，各期t的需求預測為F_t，待決定的各種產量是P_t，員工數目為M_t(其中t＝1, 2, …, T)，則如何使規劃期的成本(包括正常班、加班、外包、預收訂單、存貨等成本)之和為最小，即是總合生產規劃所欲探討的範疇。

問題三：總合生產規劃除了使總生產成本最小之外，還考慮哪些問題？
問題回答：總合生產規劃的目的除了使總生產成本最小之外，如何使存貨量最低，或使資金積壓最少，也是近代總合生產規劃的另一個思考的方向，因為現金流量的控制亦可為企業競爭優勢之一，如果不需借貸，企業擴張將會較容易。

問題四：總合生產規劃的步驟為何？
(1) 求出每個時期的需求。
(2) 求出每個時期的產能(正常時間、加班、轉包)。
(3) 瞭解企業或部門之產能策略(例如：保持10%的安全庫存、維持合理且平穩的人力需求)。
(4) 求出正常時間、加班、轉包、保持存貨、預收訂單及其他相關事宜的單位成本。
(5) 發展出計劃方案，並算出每項計劃方案的成本。
(6) 選擇最能符合企業需求的方案計劃。

Unit **9-3**
總合生產規劃之策略簡介

　　總合生產規劃主要的策略主要有三，分別為追逐需求策略、平準化產能策略以及外包生產策略，以下將逐一說明之：

　　1. 追逐需求策略(Chase Strategy)：又稱需求匹配(demand matching)隨著市場需求的波動，廠商須設法調整產能與需求同步，亦即隨市場需求的起伏，廠商必須改變產能的大小，以滿足市場需求，採用追逐需求策略的三項理由：(1)產品存貨成本高昂；(2)產品容易陳腐，故不能存貨太久；(3)產品壽命週期太短，容易過時，故不宜堆積存貨。

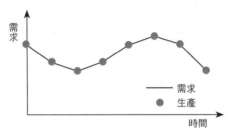

　　2. 平準化產能策略(Level Strategy)：在產能固定的前提上，以存貨調節為主要手段，可搭配定價、促銷等需求面因應方法，使產能平準化，而產品必須是能夠儲存的，方可適用此一策略。

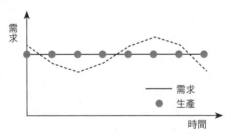

　　3. 外包生產策略(Subcontracting)：在不輕易裁員使員工工作穩定的前提下，以加班和調整工作時數為主要手段，當然亦可配合需求因應方法，因此生產規劃僅是以平穩最低需求量作為產能的規劃標準，一旦需求大於產能，就委由外包來生產。

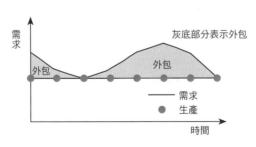

追逐需求、平準化以及外包生產策略之優缺點

特點策略	產　能	優　點	缺　點
追逐產能策略	隨著市場需求的波動，廠商須設法調整產能與需求同步	1. 幾乎零庫存 2. 產品品質優良 3. 員工的技能與彈性需要不斷提升	1. 頻繁的調整產出率 2. 為滿足需求的波動，必須容忍在需求較低時的低人員使用率與低機台利用率
平準化產能策略	在產能固定的前提上，以存貨調節為主要手段	1. 穩定產出 2. 穩定的人員使用率 3. 資源利用率穩定	1. 存貨成本提高 2. 處理存貨會增加加班時間與閒置時間 3. 容易忽略品質問題
外包生產策略	以平穩最低需求量作為產能的規劃標準，一旦需求大於產能就委由外包來生產	1. 產出更加穩定 2. 沒有庫存的問題 3. 穩定的人員使用率 4. 資源利用率穩定	1. 長期下來會失去競爭力 2. 所扶植的外包商，有可能取而代之

範例

登豐公司下一季的毛毯訂單需求及工作天數如下表所示，請用上述不同的策略，計算不同月份每一天應生產的數量。

	訂單需求	工作天數
第一個月	68,300條毛毯	25天
第二個月	59,048條毛毯	22天
第三個月	67,488條毛毯	24天

【解答】

(1) 追逐需求策略：

第一個月　　68,300條毛毯 ÷ 25天 = 2,732條/天

第二個月　　59,048條毛毯 ÷ 22天 = 2,684條/天

第三個月　　67,488條毛毯 ÷ 24天 = 2,812條/天

(2) 平準產能策略：

總需求 = 194,836條　平均每日生產量 = 194,836/71 = 2,744.1條

(3) 外包生產策略：

第一個月　　68,300條毛毯 ÷ 25天 = 2,732條/天

第二個月　　59,048條毛毯 ÷ 22天 = 2,684條/天

第三個月　　67,488條毛毯 ÷ 24天 = 2,812條/天

取最小值2,684條為每月之生產量

第一個月的外包數量	2,732條 − 2,684條 = 48條	48條 × 25天 = 1,200條
第二個月的外包數量	2,684條 − 2,684條 = 0條	0 × 22天 = 0條
第三個月的外包數量	2,812條 − 2,684條 = 164條	164條 × 24天 = 3,936條

Unit 9-4
總合生產規劃之計算

　　鴻運公司欲進行6個月的總合生產規劃，生產企劃部門所蒐集到的訂單預測及各項生產成本資料如下表，已知工廠每月最大生產量為400件，每日可加班的上限為100件，若超過此數量則須以庫存、加班、外包或是預收訂單因應之。

時期	1	2	3	4	5	6	總計
預測	280	300	400	560	500	420	2,460
成本							
產出							
正常時間 = 每單位$4							
加班 = 每單位$6							
外包 = 每單位$5.5							
存貨(平均存貨時期每單位$2)							
預收訂單(每時期每單位$7)							

　　1. 採用追逐需求的策略進行生產： 當需求大於最大產能時，須以加班或預收訂單因應之，以免產生不必要的庫存，所謂的預收訂單即是先接收顧客的訂單，但出貨的日期須稍微延後，因此必須給予顧客某些折扣或優惠；換言之，企業必須負擔一些成本。

【解答】

時期	1	2	3	4	5	6	總計	成本
預測	280	300	400	560	500	420	2,460	
產出								
正常時間	280	300	400	400	400	400	2,180	8,720
加班	—	—	—	100	100	80	280	1,680
外包	—	—	—	—	—	—		
存貨量	0	0	0	0	0	0	0	
存貨估算								
期初	0	0	0	0	0	0		
期末	0	0	0	0	0	0		
平均 = (期初 + 期末)/2	0	0	0	0	0	0	0	
預收訂單	0	0	0	60	0	0	60	840*
合計								11,240

*840＝60 (預收訂單量)×$7 (每時期每單位成本)×2 (第4期預收，到第6期才交貨)

2. 採用產能平穩策略進行生產：先評估正常時間穩定產出率的產能計劃，以存貨吸收不均衡的需求，但允許預收訂單，期初存貨為0，假設以平穩策略進行生產，期末存貨為0。

【解答】

時期	1	2	3	4	5	6	總計	成本
預測	280	300	400	560	500	420	2,460	
產出								
正常時間	400	400	400	400	400	400	2,400	9,600
加班	10	10	10	10	10	10	60	360
外包	—	—	—	—	—	—		
存貨量	130	110	10	-150	-90	-10	0	
存貨估算								
期初	0	130	240	250	100	10		
期末	130	240	250	100	10	0		
平均 =(期初 + 期末)/2	65	185	245	175	55	5	730	1,460
預收訂單	0	0	0	0	0	0	0	
合計								11,420

3. 採用外包生產策略進行生產：以最低的需求為生產標準，當需求大於產能時，則以外包來因應。

【解答】

時期	1	2	3	4	5	6	總計	成本
預測	280	300	400	560	500	420	2,460	
產出								
正常時間	280	280	280	280	280	280	1,680	6,720
加班	—	—	—	—	—	—		
外包	0	20	120	280	220	140	780	4,290
存貨量	0	0	0	0	0	0	0	
存貨估算								
期初	0	0	0	0	0	0		
期末	0	0	0	0	0	0		
平均 = 期初 + 期末)/2	0	0	0	0	0	0	0	0
預收訂單	0	0	0	0	0	0	0	
合計								11,010

由以上結果得知，應採總成本最小的外包生產策略來進行生產。

Unit **9-5**
總合生產規劃分解至MPS之過程說明

圖解生產與作業管理

　　總合生產規劃並未對特定產品加以分類，而是以全體產品的總數量做規劃，接下來要進行粗略產能規劃(Rough-Cut Capacity Planning；RCCP)時，就必須將產品類別區分出來，針對每一類產品或個別產品，依據產能是否適當，來進行反覆不斷試誤與調整，當產能(供給)無法滿足初略產能規劃(需求)時，就必須重新做調整，可能是擴大產能(供給)，也可以是減少訂單(需求)，試算期間由於個別產品的主生產(MPS)數量尚未確定，故稱為「暫時的MPS」，隨著時間的經過與上線生產日期的逼近，MPS的量才逐漸確定下來，故有人直接將暫時MPS視為RCCP。

　　1. 生產日程安排總表或稱之為主生產排程(Master Production Scheduling；MPS)，係指在考慮期望交貨數量、交貨時間以及持有存貨下之計劃生產數量與時間。生產日程安排總表，是日程安排的主要產出。

　　2. 粗略產能規劃(Rough-cut Capacity Planning；RCP或稱RCCP)，RCCP檢驗MPS步驟有三：

　　(1) 原始主生產排程。

　　(2) 在現有可利用的產能下，檢驗原始主生產排程是否可行。

　　(3) 解決原始MPS及現有可利用產能之間的差異。

　　3. 可允諾訂單(Available To Promise；ATP)，經過MPS的計算之後，可以得到一項重要的產出資訊即為ATP，可以讓銷售部門依據此時間和數量接受顧客的訂單。

170

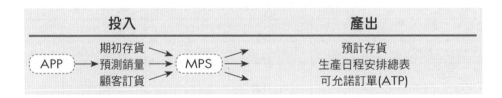

時間柵欄(Time Fences)

MPS往往可以分為四個時期，每一個時期的分割稱之為時間柵欄。

					時		期				
1	2	3	4	5	6	7	8	9	10	11	12

<----凍結---->　　<----固定---->　　<-滿載->　　<----開放---->

時間柵欄(Time Fences)

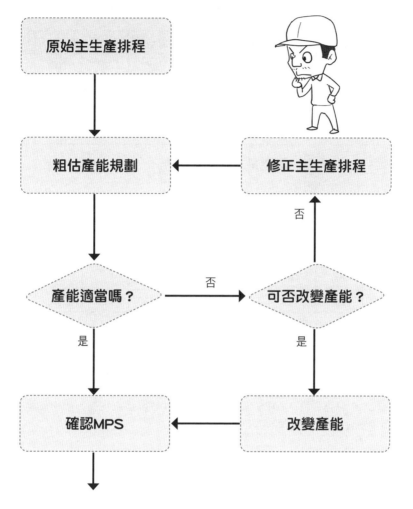

範例

以生產布偶玩具為例，說明APP的分解與主生產排程的建立如下：

時期	一月	二月	三月	四月	五月	六月
預計銷量	**6,000**	4,000	5,000	7,000	3,000	2,000

 APP分解

	一月				二月			
	第一週	第二週	第三週	第四週	第一週	第二週	第三週	第四週
米老鼠	**300**	**500**	**700**	**900**	400	300	200	500
Kitty貓	500	600	500	200	500	200	300	400
皮卡丘	200	900	400	300	300	300	200	400
總合	1,000	2,000	1,600	1,400	1,200	800	700	1,300

期初存貨：**450** 米老鼠主生產排程計劃

	一月				二月			
	第一週	第二週	第三週	第四週	第一週	第二週	第三週	第四週
預計銷量	**300**	**500**	**700**	**900**	400	300	200	500
顧客訂貨	400	350	200	150	70			
預計存貨	(1)50	(2)550	(3)850	(4)950	(5)550	(6)250	(7)50	(8)550
MPS		1,000	1,000	1,000				1,000
ATP	(a)50	(b)650	(c)800	(d)780				(e)1,000
每批MPS = 1,000								

※預計存貨 = 現有存貨 + MPS (當庫存不足時就必須排入生產，最小生產批量為 1,000) – Max{預計銷量, 顧客訂單}

    (1) $50 = 450 - 400$

    (2) $550 = 50 + 1,000 - 500$

    (3) $850 = 550 + 1,000 - 700$

    (4) $950 = 850 + 1,000 - 900$

    (5) $550 = 950 - 400$

    (6) $250 = 550 - 300$

    (7) $50 = 250 - 200$

    (8) $550 = 50 + 1,000 - 500$

※可供承諾量(ATP)，計算方式有二，以期初存貨減去客戶訂單或是以MPS減去下一個MPS排入之前所有客戶訂單之和

    (a) $50 = 450 - 400$

    (b) $650 = 1,000 - 350$

    (c) $800 = 1,000 - 200$

    (d) $780 = 1,000 - (150 + 70)$

    (e) $1,000 = 1,000 - 0$

知識補充站

MPS、FAS與生產型態之關聯

最終組裝排程(Final Assemble Schedule；FAS)：FAS是指某些產品的製程，需要將半成品或零組件組裝在一起，才能成為最終的成品。

(1) 案例I：存貨式生產，生產線的啟動是根據對未來需求的預測，因此主生產排程即是最終組裝排程，因為一旦組裝完畢，成品也就完成了，只不過，產品並未立即銷售出去，而是以存貨的方式存放在倉庫中。

(2) 案例II：訂單裝配生產，廠商接了訂單之後，便將半成品取出組裝成最終的成品，這裡的主生產排程主要是根據對於成品需求的預測，反推半成品的需求，只要半成品能及時生產或到貨，一旦顧客下單，即可在時間內將成品組裝完畢並出貨。

(3) 案例III：訂單生產，廠商是在接到訂單之後才開始準備原料，從原料到最終的成品，還必須經過一段頗長的生產時間(或前置時間)，才能製作成最終的成品。

案例I 存貨生產方式

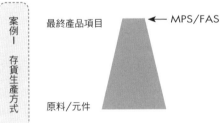

最終產品項目　　　← MPS/FAS

原料/元件

MPS－ 依預測需求生產成品項目。
FAS－ 依存貨情況編製最終裝配日程。
產業： 如家電業的冰箱、冷氣機等。

案例II 訂單裝配生產方式

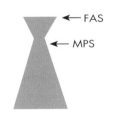

← FAS

← MPS

MPS－ 依標準元件及組合件存貨而編製MPS。
FAS－ 全部按照訂單要求作最終裝配日程。
產業： 如汽車、機車、手錶等，可依顧客要求，更換部分元件/零組件。

案例III 訂單生產方式

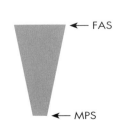

← FAS

MPS－ 依供應情況而編製MPS。
FAS－ 全依顧客訂單要求，編製最終裝配日程。
產業： 營建業、特殊建築物、土木業的造橋道路等。

← MPS

第 10 章
物料需求與產能需求規劃

章節體系架構 ▼

Unit **10-1**
物料需求規劃之定義與延伸

1. MRP的源起

　　物料需求規劃(Material Requirement Planning；MRP)的起源可溯自1965年，IBM公司的Dr.Orlicky G.A.率先提出獨立需求(independent demand)與相依需求(dependent demand)的概念，對當時以經濟訂購量(Economic Order Quantity；EOQ)及訂購點(Reorder Point；ROP)為主的存量管制方法，產生重大的衝擊。1970年「美國生產&存量管制協會」(American Production and Inventory Control Society；APICS)主辦的國際會議上，Orlicky G.A. 與Plossl G.和Wight O.W.三人揭示了MRP系統的完整架構，次年APICS聘請Plossl與Wight 擔任顧問，全力向業界推廣MRP系統，自此MRP之應用日益普及，成為企業常用的工具與技術之一。

2. 相依需求與獨立需求

(1) 相依需求(dependent demand)

　　是指對零配件與組裝件之需求而言，其需求可以由獨立需求展開計算而得，例如：要生產一部汽車，汽車大燈、引擎、保險桿、輪胎、電瓶等都是相依於最終成品的零配件。

(2) 獨立需求(independent demand)

　　則是指對最終產品之需求，其需求量不受其他需求之影響，它們被獨立計算而不與其他產品的零組件有關；獨立需求之數量多以預測方式得知。

3. MRP概論

　　MRP依其涵蓋範圍之大小，可分成三種不同的概念：

(1) MRP I又稱為小MRP(little MRP)或單純MRP(just MRP)

　　其功能是用於計算MPS中，產品各項零組件之計劃訂單量(planned order)，以便發出製造建議與採購建議。

(2) 閉環式MRP(closed-loop MRP)

　　從生產規劃開始，將MRP I 及產能需求規劃(Capacity Requirement Planning；CRP)涵蓋在內，向下一直延伸到採購管理、現場管理與績效衡量為止，構成一完整的封閉迴路。

(3) MRP II

　　所謂的製造資源規劃(Manufacturing Resources Planning；MRP II)是將原本的物料需求計劃(Material Requirement Planning；MRP)加以擴充，將行銷規劃與財務規劃納入生產規劃的範疇之中，目的在使生產、行銷與財務部門皆能配合主生產排程(Master Production Scheduling；MPS)的發展，使各項計劃皆能順利進行，形成一個完整的製造資源系統，進一步向上與企業的目標及願景相結合。

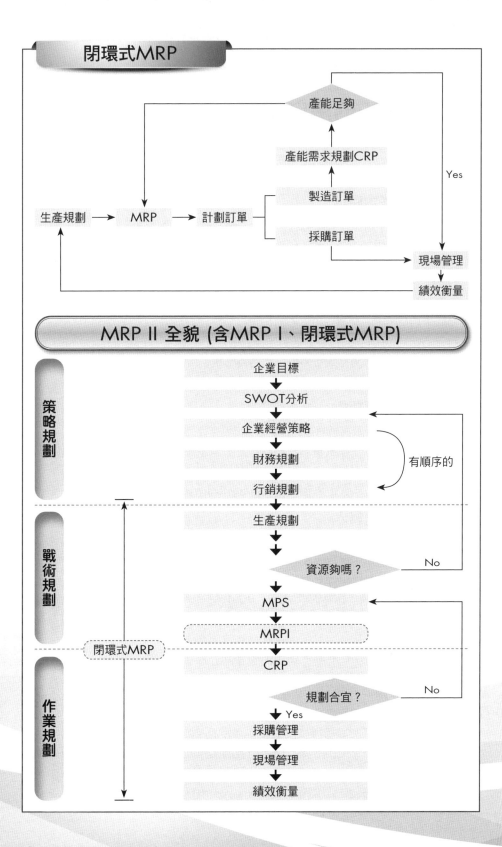

Unit 10-2
MRP的重要概念

物料需求計劃(Material Requirement Planning；MRP)要能順利實施，首先必須具備五個基本假設和三個主要功能：

1. MRP的五個基本假設

(1) 原物料或零組件在生產過程中，每一層級的存貨項目皆能入庫，並予記錄其庫存量，即便所使用物料是氣體或是液體，同樣都要能夠被記錄。

(2) 物料的消耗係屬於間斷性，能夠從每一個成品反推至多少物料的消耗。

(3) 每一個產品的製造流程都應該相互獨立。理論上，每一個產品僅有一個製程，不應該有兩個，倘若同一個產品有兩個以上不同的製程可以生產，則必須能在系統中辨識產品是由哪一個製程所生產的。

(4) 前置時間事涉再訂購點的估算，因此個別存貨項目之前置時間(lead time)包括「採購前置時間」與「製造前置時間」均應為已知。

(5) 製造或採購的批量大小，能預先和生產現場或供應商取得協議。

2. MRP的三個主要功能

(1) MRP可以協助原物料庫存的採購計劃與進料管制。

(2) MRP可決定「生產批量、原物料淨需求、計劃執行、重新規劃」的過程，過程中應考慮作業優先順序(operation priority)與訂單優先順序(order priority)。

(3) MRP的結果可以產能需求規劃(Capacity Requirement Planning；CRP)輸入。

3. MRP的三項主要輸入

(1) 物料清單(Bill Of Material；BOM)。

(2) 主生產排程(Master Production Schedule；MPS)。

(3) 存貨記錄檔(Inventory Record File；IRF)。

當產品設計完成後，BOM隨即產生，BOM與產品結構樹(product structure tree)可互相對應，事實上它們是完全相同的東西，只是一個用「圖」表達，一個可用「表」展現而已。

‧從產品結構上可以清楚兩種相依的關係，一是零組件上層與下層間的親子(parent-child)關係，稱為垂直相依(vertical dependence)。

‧另一種是同一層零組件彼此間的兄弟關係，稱為水平相依(horizontal dependence)。

MRP的輸出最主要的是計劃訂單(planned order)量，此一計劃訂單分成兩部分：一是外購的部分，將形成採購建議：一是自製的部分，將形成製造建議，此製造建議稱為製造訂單(manufacturing order)，未來將成為CRP的主要輸入。

MRP其他的輸出還包括計劃報表(planning reports)、例外報表(exception reports)、績效管制報表(performance control reports)、存量異動報表等。

BOM的計算

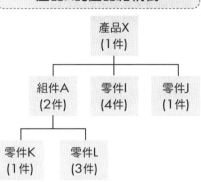

產品X的產品結構樹

```
        產品X
        (1件)
    ┌─────┼─────┐
  組件A   零件I   零件J
  (2件)  (4件)  (1件)
  ┌──┴──┐
零件K  零件L
(1件)  (3件)
```

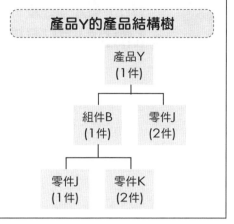

產品Y的產品結構樹

```
        產品Y
        (1件)
    ┌─────┴─────┐
  組件B         零件J
  (1件)         (2件)
  ┌──┴──┐
零件J   零件K
(1件)  (2件)
```

範例

若X與Y各需20件(X與Y的產品結構樹,請參考上面二圖),且目前該公司庫存現況如下,①產品X(2件);②產品Y(3件);③組件A(5件);④組件B(10件);⑤零件I(3件);⑥零件J(2件);⑦零件K(2件);⑧零件L(3件),請問零件 I、J、K、L各需再生產幾件?

【解答】

$$20(X) \longrightarrow 18(X) \longrightarrow \begin{cases} 36(A) \longrightarrow 31(A) \longrightarrow \begin{cases} 31(K) \longrightarrow 29(K) \\ 93(L) \longrightarrow 90(L) \end{cases} \\ 72(I) \longrightarrow 69(I) \\ 18(J) \longrightarrow 16(J) \end{cases}$$

$$20(Y) \longrightarrow 17(Y) \longrightarrow \begin{cases} 17(B) \longrightarrow 7(B) \longrightarrow \begin{cases} 7(J) \\ 14(K) \end{cases} \\ 34(J) \end{cases}$$

I(69),J(16 + 7 + 34),K(29 + 14),L(90)
(I、J、K、L)應再生產(69、57、43、90)件

知識補充站

常用的物料清單或有5種不同,包括:

(1) 設計零件料表(design parts list);(2) 備料&製造料表(manufacturing BOM);(3) 物料計劃料表(material planning BOM);(4) 成本會計料表(cost accounting BOM);(5) 實際料表(a BOM describing actual item made)。

此外,其他常用的料表還包括:

(1) 維修料表;(2) 控制&查詢料表;(3) 表現&說明料表;(4) 計劃、估計與分配料表。

Unit 10-3
MRP計算程序及關鍵名詞說明

MRP(物料需求規劃)程序涉及MPS(主生產排程)、BOM(物料清單)及IRF(存貨記錄檔)，將最終產品需求所涉及的各項零組件，依據產品結構樹逐層的展開，計算各項零組件所需的數量，此一程序稱為BOM展開，其淨需求之計算程序如下：

> 淨需求 = 毛需求 − 預計收料量 + 安全存量

若考慮「庫存量」及「待撥未出庫量」時，上式將修正如下：

> 淨需求 = 毛需求 − (預計收料量+庫存量) + 安全存量 + 待撥未出庫量

・毛需求(Gross Requirement)

在每時期，不考慮持有存量的情況下，某項目貨源物料的總預期需求。就最終項目而言，其數量顯示於日程安排總表內；至於組件數量，則等於其直接母件計劃性訂單開立之數量。

・預定接收量(Scheduled Receipts)

從供應商或其他地方預計到達的訂單。

・計劃持有存量(Projected on Hand)

在每個時期之開始時，所能擁有的存貨預期量＝預定接收量＋上一期可供應的存量。

・淨需求(Net Requirements)

在每個時期中實際所需的數量。

・計劃性訂單接收量(Planned-order Receipts)

在時期開始前。預期接收數量。在逐批訂購下數量等於淨需求。在批量訂購下，此數量或許超過淨需求。任何超額都加到下一時期之可供應的存量內。

・計劃性訂單開立量(Planned-order Releases)

顯示在每個時期計劃訂購數量；等於以前置時間倒推的計劃性訂單接收量。此數量發生在裝配或生產線的下一個層級之毛需求。當訂單被執行時，它就從「計劃性訂單開立量」列移動而進到「預定接收量」列。

範例

有電子產品需要兩個組件分別為1個A和2個B，下表為該電子產品1~8週所需要的數量，請分別求得組件A(預定第2週收到100、期初存貨為50、前置時間3週、僅能以LFL的逐批式訂購)和組件B(期初存貨150，第2週收到300，前置時間2週，以各期需求加總後之數作為批量，一次購足)的訂單開立時間與數量。

週次	1	2	3	4	5	6	7	8
數量	35	5	80	50	30	40	25	10

【解答】

組件A　LT＝3 weeks

週次		1	2	3	4	5	6	7	8
毛需求		35	5	80	50	30	40	25	10
預定收量			100						
計劃持有量	50	15	110	30	(20)	(50)	(90)	(115)	(125)
淨需求					20	30	40	25	10
計劃訂單接收量					20	30	40	25	10
計劃訂單開立量		20	30	40	25	10			

註：以LFL的批量訂購

組件B　LT＝2 weeks

週次		1	2	3	4	5	6	7	8
毛需求		70	10	160	100	60	80	50	20
預定收量			300						
計劃持有量	150	80	370	210	110	50	(30)	(80)	(100)
淨需求							30	50	20
計劃訂單接收量							100		
計劃訂單開立量					100				

註：以各期需求加總後之數，作為批量一次購足

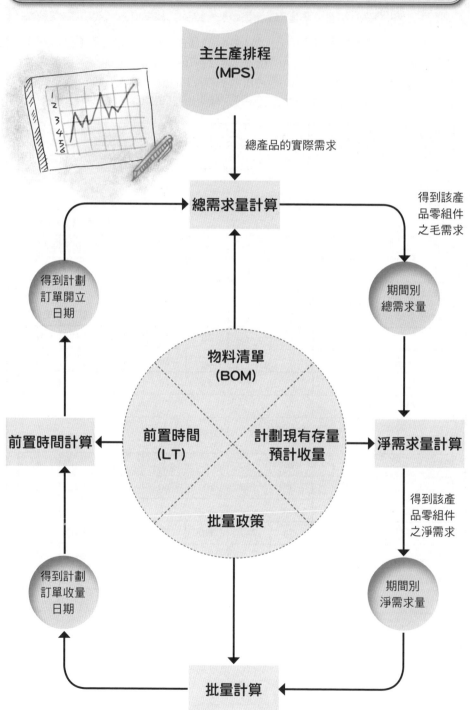

MRP展開程序步驟圖

主生產排程
(MPS)

總產品的實際需求

總需求量計算

得到該產品零組件之毛需求

得到計劃訂單開立日期

期間別總需求量

物料清單
(BOM)

前置時間計算

前置時間
(LT)

計劃現有存量
預計收量

淨需求量計算

得到該產品零組件之淨需求

批量政策

得到計劃訂單收量日期

期間別淨需求量

批量計算

Unit 10-4
MRP訂購批量大小之決策

延續上一個單元組件A在訂購策略為逐批訂購(Lot For Lot；LFL)以及前置時間為3週的條件下，第1週到第5週的計劃訂單開立量分別為20,30,40,25,10，此一訂購方式是否為成本最小的訂購方式，是本單元要探討的重點。

在MRP展開之後，批量大小(lot sizing)的訂購策略牽涉到訂購成本(ordering cost)與持有成本(holding cost)；換言之，適當的採購批量將使訂購成本與持有成本兩者總和(即總成本)最小，決定批量大小常用的方法有下列四種：

範例說明

訂購成本(S) = 80 元/次，每期儲存成本(H) = 2元/週，每年以52週計。

周次	第一週	第二週	第三週	第四週	第五週
需求量	20	30	40	25	10

1. 經濟訂購量(Economics of Quantity；EOQ)模式

使用經濟訂購量，目的在使總成本 (= 訂購成本 + 儲存成本) 最小化。

$$EOQ = \sqrt{\frac{2DS}{H}}$$

(1) 計算年需求(D) = [(20 + 30 + 40 + 25 + 10) ÷ 5] × 52 = 1,300

(2) $EOQ = \sqrt{\frac{2DS}{H}} = \sqrt{\frac{2 \times (1,300) \times (80)}{2}} = 322.5 ≒ 323$(個)

(3) 結論：採用此方法的最佳採購策略為一次即訂購323個，可使總成本最小。

2. 最小期間成本法(Minimum Cost per Period；MCP法)

使用最小期間成本法，目的在確保訂購期間的平均成本最小，計算方式為每次採購一期並計算其平均成本，再計算每次購買兩期之平均成本，依序直到有最小成本即停止。

(1) 一次購買一期：即一次購買第1週所需之20個，訂購成本為80元/次，沒有儲存成本，因此該期間的平均成本為 (80 + 0) ÷ 1 (期) = 80 元/期。

(2) 一次購買二期：即一次購買第1週所需之20個和第2週的30個，不過，第2週所需的30個必須存放1週，訂購成本同樣為80元/次，儲存成本為30 × 1 (存放1週) × 2 (元/週) = 60元，因此該期間的平均成本為 (80 + 60) ÷ 2 (期) = 70元/期。

(3) 一次購買三期：訂購成本同樣為80 元/次，儲存成本為 [30 × 1 (存放1週) × 2 (元/週)] + [40 × 2 (存放2週) × 2 (元/週)] = 160元，因此該期間的平均成本為(80 + 60 + 160) ÷ 3 (期) = 100 元/期，一次購買三期的期間成本(100元/期)較一次購買兩期(70元/期)高，因此採一次購買二期。

(4) 結論：重複前述之計算方式，可得知第3週到第5週一次購買的平均期間成本最低，採用此方法的最佳採購策略為(50, 0, 75, 0, 0)。

3. 最低單位成本法(Lowest Unit Cost；LUC法)

使用最低單位成本法，目的在確保的每個採購單位所分擔的平均成本最小，計算方式是以每次的採購數量為基準並計算其平均成本，依序直到有最小成本即停止。

(1) 一次購買一期：即一次購買第1週所需之20個，訂購成本為80元/次，沒有儲存成本，每一個採購量的平均成本為 (80 + 0) ÷ 20 (個) = 4 元/個。

(2) 一次購買二期：即一次購買第1週所需之20個和第2週的30個，每一個採購量的平均成本為 (80 + 60) ÷ (20 + 30)(個) = 2.8 元/個。

(3) 一次購買三期：每一個採購量的平均成本為 (80 +60 +160) ÷ (20 +30 + 40)(個) = 3.3 元/個 (一次購買兩期的平均成本最低)。

(4) 重新計算，一次購買第3週所需的40個，每一個採購量的平均成本為 (80 + 0) ÷ 40 (個) = 2 元/個；一次購買第3週和第4週的需求量，平均成本為 (80 + 50) ÷ 65 (個) = 2 元/個；一次購買第3週到第5週的需求量，平均成本為 (80 + 50 + 40) ÷ 75 (個) = 2.267 元/個(一次購買第3週和一次購買第3週和4週的平均成本最低，因此有兩個可行解)。

(5) 倘若是一次購買第3週，則必須計算一次購買第4週的平均成本為 (80 + 0) ÷ 25 (個) = 3.2元/個；再計算一次購買第4和第5週平均成本為 (80 + 20) ÷ 35 (個) = 2.86 元/個(一次購買第4和5週的平均成本較低)。

(6) 結論：採用此方法的最佳採購策略為(50, 0, 40, 35, 0)或是(50, 0, 65, 0, 10)。

4. 最低總成本法(Lowest Total Cost；LTC法)

使用最低總成本法，所依據的理論基礎是依據經濟訂購量EOQ而來的，在EOQ中，當總訂購成本 $\left(= \dfrac{D}{Q} \times S \right)$ = 總儲存成本 $\left(= \dfrac{Q}{2} \times H \right)$ 時，可使總成本有最小值，計算方式是將總訂購成本減去總儲存成本加上絕對值之後，當計算結果趨近於0時，即為最佳訂購策略。

(1) 一次購買一期：|80−0|=80元

(2) 一次購買二期：|80−(30×1×2)|=20元

(3) 一次購買三期：|80−(30×1×2＋40×2×2)|=140 元(一次購買二期的計算結果最趨近於0)。

(4) 一次購買第3週，計算結果 |80–0|=80 元；一次購買第3週和第4週，計算結果|80–(25×12×2)|=30元；一次購買第3週到第5週，計算結果|80–(25×1×2＋10×2×2)| =10元(一次購買第3週到第5週的計算結果最趨近於0)。

(5) 結論：採用此方法的最佳採購策略為(50, 0, 75, 0, 0)。

5. 件期平衡法(Part Period Balancing；PPB法)

以經濟零件期(Economic Part Period；EPP) $= \dfrac{S}{H} = \dfrac{80}{2} = 40$ (個零件期)，累積零件期愈靠近EPP為最佳採購策略。

(1) 一次購買一期，沒有庫存，所以累計零件期為0；一次購買兩期，第2週的需求量30個，需存放1週，故累計零件期為 0 + 30 = 30；一次購買三期，第2週和第3週的需求量分別為30和40個，分別需存放1週和2週，故累計零件期為0 + 30 × 1 + 40 × 2 = 110 (一次購買兩期的累積零件期為30，較靠近EPP)。

(2) 一次購買第3週，沒有庫存，所以累計零件期為0；一次購買第3週和第4週，累計零件期為 0 + 25 × 1 = 25；一次購買第3週到第5週，累計零件期為 0 + 25 × 1 + 10 × 2 = 45 (一次購買第3週到第5週的累積零件期為45，較靠近EPP)

(3) 結論：採用此方法的最佳採購策略為(50, 0, 75, 0, 0)。

虛擬實境(Virtual Reality, VR)是利用軟體程式和電腦創造出一個虛幻的網路世界，可搭配不同的設備模擬出視覺、聽覺、觸覺等感官，讓使用者彷彿置身在虛擬世界中，2012年，Oculus公司首次推出Oculus Rift虛擬實境頭戴式顯示器，頭戴顯示器配備了陀螺儀、加速度計和磁力計，能夠偵測使用者頭部動作，讓使用者能夠在虛擬世界中自由轉動頭部觀看四周環境。

第 11 章
生產排程與工作分派

章節體系架構 ▼

Unit 11-1
生產排程的意義、目的與大量生產的排程問題

● 生產排程的意義和目的

生產排程(production scheduling)即是「日程安排」，它是指為已經確定的訂單或作業，排定上線生產或製造的時間，使產品能如期、如質且如量的交貨或上市。生產排程被視為生產線的重要指揮官，所肩負的責任相當重要，其目的如下：

(1) 使存貨合理或最小化：存貨的定義相當廣泛，一般而言可區分為原物料存貨、在製品存貨以及成品存貨，不同的生產型態對於生產排程和存貨有著不同的政策，例如：鋼鐵業為連續性生產，為顧及產線不能任意中斷，必須儲備較多的原物料，在進行生產排程時除了考慮訂單需求，還必須要搭配原物料(包括鐵礦、煤礦及其他原料)的採購時程、購入品項以及原物料倉儲區的空間，如此一來，方可確保生產線的順暢。

(2) 使製造流程時間最短：製造流程時間代表產品從原物料到半成品直到產出成品的時間，時間愈短表示等待愈少、效率愈佳，愈短的流程時間可在同樣的生產條件下，創造出最大的產出。

(3) 使顧客等候時間最少：生產排程有許多方式可以採用，有時候採用先接到的訂單先生產，有些是訂單集中後再合併生產，如何使顧客等待時間最少，也是生產排程的主要目的之一。

(4) 使機器設備充分利用：機器設備的購置成本通常都是屬於固定成本，即便不生產，機器設備也都會隨著時間而產生折舊，因此，如何讓機器在可使用的壽命期間內發揮其最大的生產力，也是一項重要的工作。

(5) 使人力資源有效利用：在客製化程度較高的資訊業、醫療業或服務業，則必須把專業技術人力的有效運用，視為重要的生產排程。

(6) 使生產成本最小化：生產過程中必定會有許多的成本隨之而衍生，因此在生產排程時必須綜合考量所有的狀況，不僅要能滿足訂單需求，也要使生產線能夠生產，當然成本降低也是重要的課題之一。

上述目標彼此間可能相互衝突，而排程人員的任務就是從衝突的目標中取捨，找出一些可行解，以作為生產現場訂單排程和人員派工作業時的重要參考依據。

大量生產的排程問題

　　大量生產(mass production)、連續生產(continuous production)或流程生產(flow shop)的生產型態都有相類似的地方，就是要如何在控制適量存貨的前提下，力求生產線的平衡(line balancing)，也唯有在生產線平衡的系統，才能使機器設備與人力資源得到最有效的利用。

　　大量生產多為存貨生產，其銷售量係依據預測及產銷計劃而來，而排程的方法則必須考慮景氣循環的因素。一般而論，可分為淡季與旺季兩種狀況來擬定排程原則：

(1) 淡季時

需求不足產品供過於求，此時可以採用類似(s, S)的庫存模式的方法。所謂的(s, S)的庫存模式，是指當存量低於下限s時即開始生產，當庫存量持續增加至上限S時，則停止生產，由於淡季時，生產率大於需求率，所以庫存將會緩慢增加，所以在此大量生產的型態下，預測工作就顯得格外重要，企業必須更精準掌握上游原物料的價格變化，也要同時瞭解未來需求的變化，才能夠減少不必要的存貨產生。

(2) 旺季時

供給不足、產品供不應求，此時可以考慮用下列兩項原則：
· 邊際貢獻原則：由於產品供不應求，所以在排程時優先考慮高邊際貢獻的產品，邊際貢獻較低者則延後生產或暫停生產，要採取此一措施是要顧及顧客的感受，有時候可以協助客戶找到其他的替代產能或是外包給其他供應商。
· 數量原則：如果各項產品間之利潤差異不大，則以一般訂購量較多者優先生產，如此一來，可節省換線的時間，提高省產設備和人員的利用率，創造最大的價值。

分為

淡季

旺季

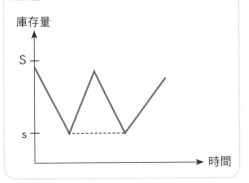

用(s, S)原則低於小s，開始生產；
超過大S，停止生產

(1) 邊際貢獻優先原則
(2) 若利潤差異不大，以
　　數量多的為生產原則

Unit **11-2**
批量生產的排程問題

批量生產(batch production)是指每次生產相同的產品一批，但數量不一，由於此類生產型態介於大量生產(多量少樣)和零工生產(少量多樣)之間，所以，批量生產的數量較大量生產為低，但是比零工生產高出許多，批量生產的排程所要解決的問題有以下三項：

1. 批量大小

基本上，批量大小的決策屬於製造流程設計的一環，可利用存貨管制中，經濟生產批量(Economic Production Quantity；EPQ)又稱同時生產同時消耗的批量模式加以解決：

計算公式：$Q^* = \sqrt{\dfrac{2DS}{H\left(1-\dfrac{d}{p}\right)}}$

其中，Q^* = 經濟生產批量；D = 年需求量
S = 上線準備成本；H = 持有成本；p = 每日生產率；d = 每日需求率

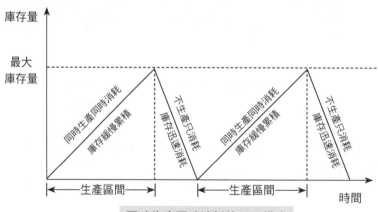

同時生產同時消耗的EPQ模式

2. 加工時間

如果有多種產品在產能有限制的情況下要排入生產，可利用總耗盡時間率(rate of total run-out time)來估算各項產品的加工時間，公式如下：

總耗盡時間率 = $\dfrac{\text{現有存貨總數} + \text{下期可供使用總時數} - \text{預計下期需求總時數}}{\text{預計下期需求總時數}}$

範例

　　假設現有產品A、B、C三種，其現有存貨量，最後組裝所需時間、預計下一季需求量如下表所示，如果下一季可用的資源為1,080小時，則請計算其總耗盡時間率，試問下一季A、B、C三種產品如何分配產能？

產品	現有存貨量	最後組裝所需時間	預計下一季需求量
A	250	0.4	1,000
B	300	0.3	2,000
C	100	0.5	400

【解答】

產品	最後組裝所需時間 (1)	現有存貨量 (2)	預計下季需求量 (3)	現有存貨組裝所需時間 (4) = (1)×(2)	預計下季需求組裝所需時間 (5) = (1)×(3)
A	0.4	250	1,000	100	400
B	0.3	300	2,000	90	600
C	0.5	100	400	50	200
			合計	240	1,200

$$總耗盡時間率 = \frac{240 + 1,080 - 1,200}{1,200} = 0.100$$

產品	下一季期望存貨量 (6) = (3) × 0.100	下一季期望存貨量與預計需求量總合 (7) = (3) + (6)	所需製造量 (8) = (7) - (2)	分配產能 (9) = (8) × (1)
A	100	1,100	850	340
B	200	2,200	1,900	570
C	40	440	340	170
				1,080小時

說明：

　　下一季可用的資產為1,080小時，依據產品A、B、C的存貨量、下季需求量及組裝所需時間，分配資源為產品A分配340小時、產品B分配570小時、產品C分配170小時，合計共1,080小時。

Unit 11-3
零工生產的排程問題

　　零工生產(job shop)、訂製化生產與單件生產的生產型態為多種少量或單件，主要排程問題有以下二項：

1. 負荷計劃

　　是指將工作分派到機器或工作中心(work center)之負荷而言，如果工作分派不足，將有閒置產能(idle capacity)發生，如果工作過多，會產生負荷太重、產能不足的現象，負荷安排完成後，只知道每台機器或工作中心有那些工作要做，至於各項工作的加工順序，還要經過「排序」才能進行派工(dispatching)作業，在總成本最小與閒置時間最少的考量下，派發製令單給生產線，此處常用的工具有：

　　(1) 甘特圖(Gantt chart)：甘特圖常被用來作為排程、派工與跟催的工具。

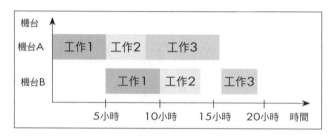

　　(2) 指派法則(assignment method)：指派法則是線性規劃(LP)的特殊應用，指派n個工作到n台機器上，每台機器只能做一個工作，而每個工作也只給一台機器做，在此條件下，可以用指派法則來解決：

範例

　　有四項工作將被分派到四部不同的機台去生產，已知工作分配到不同機台的成本如下表所示，請用成本低的優先指派為法則：

工作＼機台	A	B	C	D
1	12	9	3	6
2	9	10	16	15
3	4	7	10	9
4	7	15	18	13

【解答】

　　成本最低的優先指派，結果工作1指派到機台C(成本為3)；工作2指派到機台B(成本為10)；工作3指派到機台A(成本為4)；工作4指派到機台D(成本為13)；總成本為3 + 10 + 4 + 13 = 30 (不保證是最佳解)。

※指派問題的最佳解求解方法－匈牙利法

接續以上範例：

匈牙利法之求解步驟：

Step1：每列均減去該列的最小值

機台 工作	A	B	C	D	
1	9	6	0	3	本列減3
2	0	1	7	6	本列減9
3	0	3	6	5	本列減4
4	0	8	11	6	本列減7

Step2：續Step1之值，每行均減去該行的最小值

機台 工作	A	B	C	D
1	9	5	0	0
2	0	0	7	3
3	0	2	6	2
4	0	7	11	3
	本行減0	本行減1	本行減0	本行減3

Step3：用最少的線條劃去最多的0，當線條數＝列(行)數，可得最佳解，若無則進入 Step 4，在此，用3條線即可劃去所有的0

機台 工作	A	B	C	D
1	9	5	0	0
2	0	0	7	3
3	0	2	6	2
4	0	7	11	3

最小值為2

Step4：未被劃去的部分均減去此區域之最小值，但有線條交叉的位置，則需加上此最小值，其餘不變。在此，未畫線的區域最小值為2，線條交叉的位置須加上2，用4條線才可劃去所有的0

機台 工作	A	B	C	D
1	11	7	0	0
2	0	0	5	1
3	0	2	4	0
4	0	7	9	1

結論

每一個工作僅能指派到一個機台，而每一個機台只能承接一個工作。因此，工作1指派到機台C(成本為3)；工作2指派到機台B(成本為10)；工作3指派到機台D(成本為9)；工作4指派到機台1(成本為7)；總成本為3+10+9+7=29 (為最佳解)。

Unit **11-4**
單機生產的排程問題(I)──排程法則

範例

單機排程是指一次僅允許一張訂單或一個工作被服務或是加工，在同時有多張訂單抵達或未消化時，用來決定每一張訂單順序的生產排程法則，以下將逐一介紹11種不同的排程法：

目前有A~E五項工作等著被服務或進入生產線，這些工作的處理時間、到期時間以及進入生產線後作業數，如下表所示：

尚未進入生產排程之工作

工作	處理時間(小時)	到期時間(小時)	作業數
A	30	105	6
B	120	240	3
C	60	60	9
D	150	255	4
E	75	225	5

1. 先到先服務法則(First Come First Serve；FCFS)：工作先抵達先服務，銀行及郵局採用抽號碼牌的方式來進行服務，在服務業最常用也最公平，按照此法則之作業順序為(A，B，C，D，E)。

2. 最短處理時間優先法則(Shortest Processing Time；SPT)：處理時間短的優先排程，按照此法則之作業順序為(A，C，E，B，D)。此法則在一般製造業較為常用，因為它具有以下幾項優勢：

(1) 可使總完工時間最短。

(2) 可服務最多的顧客。

(3) 可使工作中心平均工作數最小。

(4) 可使總延遲時間(total lateness time)最短。

3. 最早到期時間優先法則(Earliest Due Day；EDD)：到期時間愈短者，表示愈緊急，必須優先服務。按照此法則之作業順序為(C，A，E，B，D)。此法則在一般製造業也屬常見，因為它具有以下兩項優勢：

(1) 可使總延誤時間(total tardiness time)最短。

(2) 利用此一法則再搭配Hodgson法則，可使延誤件數最少。

4. 緊要比法則(Critical Ratio；CR)：CR值 = $\dfrac{到期日}{處理時間}$，CR值愈小表示愈緊急，應該優先提供服務，按照此法則之作業順序為(C，D，B，E，A)。

工作	處理時間(小時)	到期時間(小時)	CR值
A	30	105	3.5
B	120	240	2
C	60	60	1
D	150	255	1.7
E	75	225	3

5. 最短餘裕時間優先法則(Slack Time；ST)：ST值 = 到期日 − 處理時間，ST值愈小，表示愈緊急應該優先提供服務，按照此法則之作業順序為(C，A，D，B，E)。

工作	處理時間(小時)	到期時間(小時)	ST值
A	30	105	75
B	120	240	120
C	60	60	0
D	150	255	105
E	75	225	150

6. 最短餘裕時間/作業數優先法則(Slack Time per Operations；ST/O)：ST/O值 = (到期日 − 處理時間)/作業數，ST/O值愈小，表示愈緊急，應該優先提供服務，按照此法則之作業順序為(C，A，D，B，E)。

工作	處理時間(小時)	到期時間(小時)	ST/O值
A	30	105	12.5
B	120	240	40
C	60	60	0
D	150	255	26.25
E	75	225	30

Unit **11-5**
單機生產的排程問題(II)——評估準則

　　上一個單元介紹了6種排程法則，至於哪些產業該採用哪一種法則並無定論，因為企業的營運模式和訂單狀況變化多端，實非單一種法則能夠滿足所有的需求或是因應所有的狀況，以下將介紹六項評估指標，用來比較FCFS、SPT以及EDD這三種不同的排程法則，再由決策者自行選定該選用哪一種排程法則較為適宜：

1.平均流程時間(average flow-time)

$\bar{F} = \dfrac{\sum_{i=1}^{n} F_j}{n}$；其中 $\bar{F}$ 為平均流程時間，ΣF_j 代表所有工作完成流程的時間之總和，n 代表工作數。

2.工作中心平均工作數(average number of jobs in the work-center)

$\bar{N} = \dfrac{\sum_{i=1}^{n} F_j}{\Sigma t_j}$；其中 $\bar{N}$ 為工作中心平均工作數，Σt_j 代表所有工作時間之總和。

3.平均延誤時間(average job tardiness time)

　　延誤時間的計算僅考慮工作完成時已經超出到期時間的延誤時間，意即提早完成並沒有鼓勵，但是延誤的工作時數則必須要計算。

$\bar{T} = \dfrac{\sum_{i=1}^{n} T_j}{n}$；其中 $\bar{T}$ 為平均延誤時間，ΣT_j 代表所有工作延誤時間之總和。

4.平均延遲時間(average job lateness time)

　　延遲時間的計算不僅考慮工作完成時已經超出到期時間的延誤時間，也會把提早完成的時間納入考慮；換言之，提早完成和延誤完成的工作時數必須合併計算。

$\bar{L} = \dfrac{\sum_{i=1}^{n} L_j}{n}$；其中 $\bar{L}$ 為平均延遲時間，ΣL_j 代表所有工作延遲時間之總和。

5.最大延誤時間(maximal job tardiness time) = Max(T_j)

　　比較不同排程法則最大的延誤時間，最大延誤時間愈長愈不好。

6.延誤工作件數(number of jobs tardiness)

　　比較不同排程法則所造成延誤工作的件數，件數愈多愈不好。

範例

目前有A~E五項工作等著被服務或進入生產線，這些工作的處理時間、到期時間以及進入生產線後作業數，如下表所示：

尚未進入生產排程之工作

工作	處理時間(小時)	到期時間(小時)	作業數
A	30	105	6
B	120	240	3
C	60	60	9
D	150	255	4
E	75	225	5

1. 先到先服務法則(First Come First Serve；FCFS)

工作	處理時間 t_j	完成流程的時間 F_j	到期時間 D_j	延誤時間 T_j	延遲時間 L_j
A	30	30	105	0	-75
B	120	150	240	0	-90
C	60	210	60	150	150
D	150	360	255	105	105
E	75	435	225	210	210
小計	$\Sigma t_j = 435$	$\Sigma F_j = 1,185$	$\Sigma D_j = 915$	$\Sigma T_j = 465$	$\Sigma L_j = 300$

(1) 平均流程時間：$\bar{F} = \dfrac{\Sigma_{i=1}^{n} F_j}{n} = \dfrac{1,185}{5} = 237$ (小時)

(2) 工作中心平均工作數：$\bar{N} = \dfrac{\Sigma_{i=1}^{n} F_j}{\Sigma t_j} = \dfrac{1,185}{435} = 2.72$ (件)

(3) 平均延誤時間：$\bar{T} = \dfrac{\Sigma_{i=1}^{n} T_j}{n} = \dfrac{465}{5} = 93$ (小時)

(4) 平均延遲時間：$\bar{L} = \dfrac{\Sigma_{i=1}^{n} L_i}{n} = \dfrac{300}{5} = 60$ (小時)

(5) 最大延誤時間：$\text{Max}(T_j) = 210$ (小時)

(6) 延誤工作件數 = 3 件 (C、D、E)

2. 最短處理時間優先法則(Shortest Processing Time；SPT)

工作	處理時間 t_j	完成流程的時間 F_j	到期時間 D_j	延誤時間 T_j	延遲時間 L_j
A	30	30	105	0	-75
C	60	90	60	30	30
E	75	165	225	0	-60
B	120	285	240	45	45
D	150	435	255	180	180
小計	$\Sigma t_j = 435$	$\Sigma F_j = 1{,}005$		$\Sigma T_j = 255$	$\Sigma L_j = 120$

(1) 平均流程時間：$\bar{F} = \dfrac{\Sigma_{i=1}^{n} F_j}{n} = \dfrac{1{,}005}{5} = 201$ （小時）

(2) 工作中心平均工作數：$\bar{N} = \dfrac{\Sigma_{i=1}^{n} F_j}{\Sigma t_j} = \dfrac{1{,}005}{435} = 2.31$ （件）

(3) 平均延誤時間：$\bar{T} = \dfrac{\Sigma_{i=1}^{n} T_j}{n} = \dfrac{255}{5} = 51$ （小時）

(4) 平均延遲時間：$\bar{L} = \dfrac{\Sigma_{i=1}^{n} L_i}{n} = \dfrac{120}{5} = 24$ （小時）

(5) 最大延誤時間：$\text{Max}(T_j) = 180$ （小時）

(6) 延誤工作件數 = 3 件 (C、B、D)

3. 最早到期時間優先法則(Earliest Due Day；EDD)

工作	處理時間 t_j	完成流程的時間 F_j	到期時間 D_j	延誤時間 T_j	延遲時間 L_j
C	60	60	60	0	0
A	30	90	105	0	-15
E	75	165	225	0	-60
B	120	285	240	45	45
D	150	435	255	180	180
小計	$\Sigma t_j = 435$	$\Sigma F_j = 1{,}035$		$\Sigma T_j = 225$	$\Sigma L_j = 150$

(1) 平均流程時間：$\bar{F} = \dfrac{\Sigma_{i=1}^{n} F_j}{n} = \dfrac{1{,}035}{5} = 207$ （小時）

(2) 工作中心平均工作數：$\bar{N} = \dfrac{\Sigma_{i=1}^{n} F_j}{\Sigma t_j} = \dfrac{1{,}035}{435} = 2.38$ （件）

(3) 平均延誤時間：$\overline{T} = \dfrac{\Sigma_{i=1}^{n} T_j}{n} = \dfrac{225}{5} = 45$ (小時)

(4) 平均延遲時間：$\overline{L} = \dfrac{\Sigma_{i=1}^{n} L_i}{n} = \dfrac{150}{5} = 30$ (小時)

(5) 最大延誤時間：$\text{Max}(T_j) = 180$ (小時)

(6) 延誤工作件數 = 2 件 (B、D)

知識補充站

使用Hodgson法則，可使延誤件數能夠最小化

步驟一：先使用EDD法求解

工作	處理時間 t_j	完成流程的時間 F_j	到期時間 D_j	延誤時間 T_j
A	3	3	4	0
B	9	12	12	0
C	6	18	14	4
D	12	30	21	9
E	7	37	28	9

※排程結果計有C、D、E三件工作延誤

步驟二：將最末一件未延誤的工作往後移動至最後一個才作業，即將工作B移到工作E的之後

工作	處理時間 t_j	完成流程的時間 F_j	到期時間 D_j	延誤時間 T_j
A	3	3	4	0
C	6	9	14	0
D	12	21	21	0
E	7	28	28	0
B	9	37	12	29

※排程結果僅剩B一件工作延誤(唯一的缺點是該項工作的延誤時間延長許多)

Unit **11-6**
雙機多工排程的問題

　　所謂的雙機(或多機)排程，是指某項工作必須經過兩個或是兩個以上的工作站才算完工，當遇到這樣的工作時，生產管理人員應該如何進行生產排程，有以下三種排程的法則：

圖解生產與作業管理

1.Johnson's Rule(雙機排程)

　　工作必須經過兩個W1以及W2兩個工作站才能成最終產品。

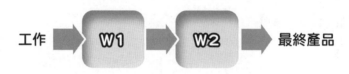

　　(1) 先尋找所有工作時數最小的，若該工作落於前站W1，則工作優先排入生產，若該工作落在後站W2，工作就放到最後才排入生產。

　　(2) 若W1，W2時間相同，則往前放或往後放皆可。

範例

工作	W1	W2
A	75	75
B	60	45
C	120	135
D	30	105
E	90	120

　　所以工作時間最小的為30，為工作D在W1的工作時間，因此第一個生產的工作為D；下一個工作時間最小的為45，為工作B在W2的工作時間，因此第五個生產也就最後一個生產的工作是B；下一個工作時間最小的是75，工作A在W1及W2的工作時間都一樣，因此工作A要優先生產或是放在之後再生產都是可以的；依此類推，A~E五項工作排程的結果如下：

【解答】

　　D→A→E→C→B 或是 D→E→C→A→B均可

2.Johnson's Rule 之擴展(多機排程)

有J1~J5這五個工作，需經過甲、乙、丙三個工作站方可視為完工。

(1) 先將前後兩工作站的加工時間兩兩相加，再用Johnson's Rule 作比較。

(2) 此法則並不保證可以得到最佳解，除非滿足下列二列之一：

$$\text{Min}\{t1j\} \geq \text{Max} \{t2j\} \ \ \text{or} \ \ \text{Min} \{t3j\} \geq \text{Max} \{t2j\}$$

則可得最佳解。

 範例

工作	甲	乙	丙
J1	7	8	10
J2	8	2	10
J3	6	7	9
J4	13	1	8
J5	6	2	11

【解答】

工作	甲	甲+乙	乙	乙+丙	丙
J1	7	15	8	18	10
J2	8	10	2	12	10
J3	6	13	7	16	9
J4	13	14	1	9	8
J5	6	8	2	13	11

進行工作排程的方式，跟Johnson's Rule一樣，工作時間最小的為8，為工作J5在甲+乙的工作時間，因此第一個生產的工作為J5；下一個工作時間最小的為9，為工作J4在乙+丙的工作時間，因此第五個生產也就最後一個生產的工作是J4；下一個工作時間最小的是10，為工作J2在甲+乙的工作時間，因此工作J2排在第二個生產；依此類推，J1~J5五項工作排程的結果如下：J5→J2→J3→J1→J4

3.Jackson's Rule

工作進入工作站並非都是同一流程，有些工作必須先進入W1再進入先作W2，有

些則是先進入W2再進入W1，甚至有些僅進入W1或W2即可完工，以下有工作A~H，不同工作的工序和時間如下表所示

Job	工序	W1	W2
A	W1	18	0
B	W1→W2	24	12
C	W2→W1	12	21
D	W2	0	18
E	W1→W2	15	45
F	W1→W2	36	18
G	W2	0	24
H	W2→W1	9	36

步驟1：先找出工作流程為W1→W2的工作(B，E，F)

工作	W1	W2
B	24	12
E	15	45
F	36	18

排程結果：E→F→B

步驟2：先找出工作流程為W2→W1的工作(C，H)

工作	W2	W1
C	12	21
H	9	36

排程結果：H→C

步驟3：[依據W1→W2，只作W1，W2→W1]
　　　　[依據W2→W1，只作W2，W1→W2]
　　　排程結果
　　　W1：E→F→B→A→H→C
　　　W2：H→C→D→G→E→F→B 或 H→C→G→D→E→F→B

第 12 章
專案管理與生產活動管制

章節體系架構 ▼

Unit 12-1
專案管理的意義與類型

　　企業管理者或高階主管通常需要同時監督多項作業，有些作業是例常性的、有些作業複雜度較高，有些作業的性質較特殊，而所謂的專案(project)通常是指較特殊且複雜度較高的作業。此外，專案的執行期間往往較長，事涉之相關成本項目也較多，亦涉及策略、設計、研發、財務、製造與行銷等不同部門間的大量溝通與協調。

　　專案管理的範疇涵蓋了所有可掌控的資源，甚至是不可掌控的風險也都應該納入管理和決策之中，針對專案計劃所設定的單一目標或是多重目標(時間、成本、品質、交期、彈性或是利害關係人的各種不同需求和期望)進行整合與協調的工作，以便能確保專案能順利完成並達到設定的預期目標。一般而言，用以協助專案得以順利進行的管理模式可分為兩大類，分別為PERT(Program Evaluation and Review Technique；計劃評核術)和CPM(Critical Path Method；要徑法)，這兩種專案管理模式處理專案。管理者可以順利獲得以下資訊：

- 專案的作業流程可以圖表明確表示之。
- 對專案內各項作業所需耗費時間能有所預估。
- 哪些作業必須特定時間內完成？這是專案管理最重要的活動指標。
- 哪些活動可以延遲？而可延遲的時間有多久？但不至於影響整個專案完成的時間。

　　下表為PERT和CPM的差異比較列表：

	PERT	**CPM**
(1)源起	美國海軍計劃室研發北極星飛彈時，所發展出來的網路技術。	杜邦公司在做設備維護時，所發展出來的網路技術。
(2)時間估計	三時估計法 $$t_e = \frac{a+4m+b}{6}$$ t_e：期望時間 a：樂觀時間 m：最可能時間 b：悲觀時間 變異數 $= \left(\dfrac{b-a}{6}\right)^2$	單時估計法 可用一個直觀的時間來估計作業時間或是用$(a+b)/2$來預估 a：樂觀時間 b：悲觀時間
(3)成本估算	原始PERT末考慮成本，但是近代的PERT/Cost，已超越CPM	一開始即考慮成本
(4)活動表示方式	A.O.N(Activity on Node) 以結點代表活動／事件/作業	A.O.A(Activity on Arrow) 以箭線代表活動／事件／作業

範例

說明以A.O.N與A.O.A兩種方式來呈現下列專案的網路路徑圖：

先行作業	作業
a	c
b	d,e
c	f
d	g
e	g
f	結束
g	結束

(1) A.O.N

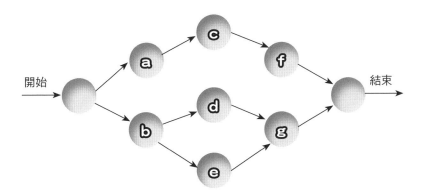

(2) A.O.A

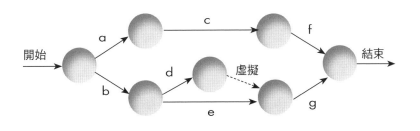

Unit 12-2
PERT專案排程的應用

計劃評核技術(Program Evaluation and Review Technique；PERT)，是利用網路分析制定計劃以及對專案計劃予以評價的技術。它是用來協調整個計劃的各個工序，合理地安排人力、物力、時間、資金，先確保計劃得以順利完成，甚至是加快專案的完成，在專案排程分析和應用上，PERT是現代化專案管理的重要方法之一。

PERT網路是一種類似流程圖的箭線圖，它描繪出各種活動或是項目的先後次序，網路流程圖亦標明每項活動或項目所需耗用的時間或相關的成本，藉由PERT網路流程圖，專案管理者可以依序規劃工作的先後順序以及各項工作處理時間之間的依賴關係，辨識出可能出問題的工作項目，PERT網路圖還可以容易地比較不同方案或是作業路徑在進度和成本項目的差異，並找出專案的要徑，所謂的要徑即為專案完工所需的時間，而非要徑所需的時間必定小於要徑，但如果不嚴格把關，可能會成為另一個要徑，甚至會比原來的要徑還需要更多的完工天數，這對專案管理者掌握專案進度是非常重要的管理工具。

範例

試由以下事件、後續作業以及完工時間，完成以下工作：
(1) 繪製PERT專案網路圖。
(2) 說明專案的要徑。
(3) 專案完工的時間。

事件	後續作業	a	m	b	t_e
開始	a，b，c				
a	d，e	1	3	5	3
b	f	7	8	9	8
c	g，k	2	5	8	5
d	l	4	10	16	10
e	h，i	8	10	12	10
f	j	1	4	7	4
g	j	2	5	8	5
h	j	0	0	0	0
i	l	1.5	3	4.5	3

j	—	7	11	15	11
k	m	2	10	18	10
l	—	5	8	11	8
m	—	3	9	15	9

【解答】

(1) 繪製網路圖

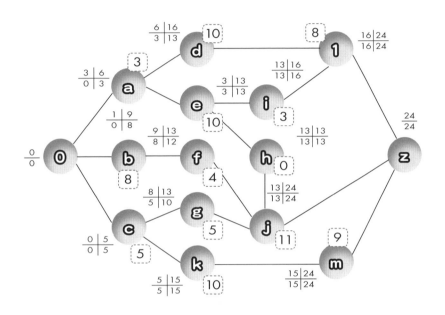

要徑在哪裡？

LS	LF
ES	EF

檢查方式 LS − ES = LF − EF

ES：Earlist Starting time 最早開始
EF：Earlist Finishing time 最早完成
LS：Latest Starting time 最遲開始
LF：Latest Finishing time 最遲完成

(2) 當 LS − ES = LF − EF 即為要徑，本專案的要徑有三條，分別如下：

$$\begin{cases} a \longrightarrow e \longrightarrow h \longrightarrow j \\ a \longrightarrow e \longrightarrow i \longrightarrow l \\ c \longrightarrow k \longrightarrow m \end{cases}$$

(3) 專案完工的時間為24天

Unit 12-3
CPM專案排程的應用

　　要徑法(Critical Path Method；CPM)，是另一種專案計劃管理的方法，它是透過分析整個專案的過程，計算專案活動序列的完成時間，時間最長的路徑視為要徑，要徑法亦是利用網路圖表示各項工作之間的相互關係，找出控制工時的要徑，期望在一定工時、成本、資源條件下獲得最佳的專案規劃，以達到縮短工時、提高效率以及降低成本等目的。在CPM中每一個活動的工作時間都是確定的，這種方法多用於建築施工和大型工程的計劃安排，且適用於有很多作業而且必須按時完成的專案，要徑法可視為一個動態的系統，它會隨著專案的進展不斷更新，該方法採用單一時間估計法，每一個活動的時間被認為是確定的。要徑法是專案管理中很常用的一種方法，其專案管理及完工時間估算的原則如下：

　　‧為每個最小任務單位計算工期。

　　‧定義最早開始和結束日期、最遲開始和結束日期。

　　‧按照活動的關係形成順序的網路邏輯圖，找出必須的最長的路徑，即為關鍵路徑。

　　時間壓縮是指針對關鍵路徑進行優化，結合成本因素、資源因素、工作時間因素、活動的可行進度因素對整個計劃進行調整，直到關鍵路徑所用的時間不能再壓縮為止，得到最佳時間進度計劃。

範例　CPM 的應用

Event	a	m	b	t_e	σ
0 – 1	4		8	12/2 = 6	8 – 4/6※
1 – 2	4		6	10/2 = 5	6 – 4/6※
1 – 3	4		6	10/2 = 5	
1 – 4	3		5	8/2 = 4	
2 – 5	3		7	10/2 = 5	7 – 3/6※
3 – 5	3		5	8/2 = 4	
5 – 6	4		8	12/2 = 6	8 – 4/6※
4 – 6	2		8	10/2 = 5	
6 – 7	5		9	14/2 = 7	9 – 5/6※

$$TF = LS - ES = LF - EF$$

圖解生產與作業管理

【解答】

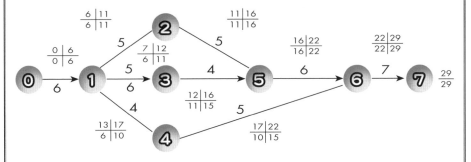

(1) 完工時間29天

(2) 要徑 0 ⟶ 1 ⟶ 2 ⟶ 5 ⟶ 6 ⟶ 7

(3) 要徑 $= \sqrt{\sigma_1^2 + \sigma_2^2 + \cdots + \sigma_n^2}$

$$= \sqrt{\left(\frac{4}{6}\right)^2 + \left(\frac{2}{6}\right)^2 + \left(\frac{4}{6}\right)^2 + \left(\frac{4}{6}\right)^2 + \left(\frac{4}{6}\right)^2} = \sqrt{68/36} = 1.374$$

(4) 完工時間31.75天以內可完工的機率？

$$P(X \le 31.75) = P\left(Z \le \frac{31.75 - 29}{1.374}\right) = P(Z \le 2) = 0.5 + \frac{0.9545}{2} = 0.5 + 0.47725$$

(5) 完工時間在29~31.75天之機率

$$P(29 \le x \le 31.75) = P(0 \le z \le 2) = 0.9545/2 = 0.47725$$

【補充說明】：計算本專案之總浮時(Total Float；TF)、自由浮時(Free Float；FF)、干擾浮時(Influence Float；IF)

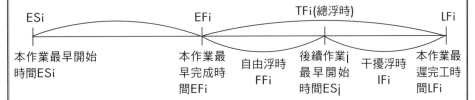

(1) 問題1：請參考範例之專案流程圖，求出作業4到作業6之自由浮時(FF_{4-6})
後續作業LF為LF_{4-6}為22(天)

∴$FF_{4-6} = ES_{6-7} - EF_{4-6} = 22 - 15 = 7$ (天)

(2) 問題2：承上，請求出作業4到作業6之干擾浮時(IF_{4-6})

$IF_{4-6} = LF_{4-6} - ES_{6-7} = 22 - 22 = 0$ (天)

(3) 問題3：呈上，請求出作業4到作業6之總浮時(TF_{4-6})

$TF_{4-6} = FF_{4-6} + IF_{4-6} = 7 + 0 = 7$ (天)

Unit **12-4**
專案管理趕工天數計算說明

在專案管理中,當專案欲提早完工時間,除非縮短某些作業的工作時數,否則專案不可能提早完工。然而作業時數的減少,必須另外投入資源(例如:人力、物力或財力)方可達成,稱之為趕工(crashing)。專案管理須釐清專案欲提早幾天完工?哪些作業可以趕工?而趕工的成本又是多少?

令π_i為作業i的預期完工時間

π_i'為作業i最快的完工時間

W_i為作業i可趕工的天數

C_i為作業i的正常成本

C_i'為作業i的趕工成本

因此$W_i = \pi_i - \pi_i'$

作業i的單位趕工成本(或稱之為成本斜率)計算公式如下:

$$趕工成本(或成本斜率) = \frac{C_i' - C_i}{W_i}$$

趕工的步驟如下:

(1) 繪製網路圖,並找出專案的要徑。

(2) 確認各作業可趕工時間、正常成本、趕工成本,並算出成本斜率。

(3) 找出最適當的作業進行趕工,目標為縮短專案完工時間並使總成本最低。

範例 1

以CPM為例,説明專案專案趕工的成本估算

無論是PERT或是CPM,我們都可以採用以下公式來估算趕工之成本效率:

$$成本斜率 = \left| \frac{正常成本 - 趕工成本}{正常時間 - 趕工時間} \right| = \left| \frac{100萬 - 120萬}{10天 - 8天} \right| = 10萬/天$$

作業	工時	前行作業	可趕工天數	成本斜率
A	3	—	1	100
B	6	A	—	—
C	5	A	1	120
D	6	B	1	40
E	4	C	2	50
F	3	E	—	—

問題一：假定整個專案如果要趕工一天，最少需要增加多少成本？

【解答】

(1) 步驟一：繪置網路圖

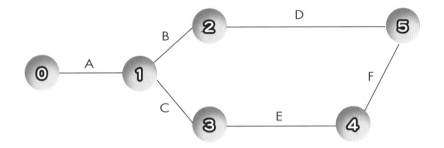

(2) 趕工一天的可能方案，先由趕工成本較低的作業開始討論

• 方案一：A趕工一天，整個專案可以提早一天完成，成本為$100。

• 方案二：D和E是平行工作，如果要讓專案提早一天完工，則必須D和E都提早一天完成，假設D趕工一天且E趕工一天，整個專案將可提早一天完成，成本為$90 = ($40+$50)。

(3) 結論：考慮趕工成本，倘僅需趕工一天，將選擇D趕工一天且E趕工一天。

問題二：此專案至多可趕工幾天？其成本多少？

(1) 先討論趕工二天的可能方案，同樣由趕工成本較低的作業開始討論：

• 方案一：A趕工一天，D和E各趕工一天(100+40+50=190)，合併共趕工2天。

• 方案二：A趕工一天，D和C各趕工一天(100+40+120=260)，合併共趕工2天。

討論：如需趕工兩天，考慮A趕工一天，D和E各趕工一天，趕工成本為190元較低。

(2) 先討論趕工三天的可能方案，同樣由趕工成本較低的作業開始討論，但沒有任何方式可以趕工三天。

範例 2

利用下列資料，倘若專案需要趕工，請討論趕工成本最低的方案。

圖解生產與作業管理

作業	正常時間	趕工時間	每天趕工成本
a	6	6	—
b	10	8	$ 500
c	5	4	$ 300
d	4	1	$ 700
e	9	7	$ 600
f	2	1	$ 800

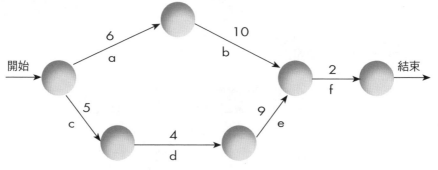

212

【解答】

• 步驟1：找出哪些作業在要徑上？其長度和其他要徑的長度？

路徑	長度
a-b-f	18
c-d-e-f	20(此為要徑)

• 步驟2：依最低趕工成本的順序，將要徑(c-d-e-f)的趕工天數及成本一一列處，並決定每個作業趕工的天數。

作業	每天趕工成本	有效天數
c	$300	(5－4) = 1
e	$600	(9－7) = 2
d	$700	(4－1) = 3
f	$800	(2－1) = 1

(1) 如果要縮短專案 1 天，成本最低的 c 作業 (成本 $300) 趕工 1 天，可使整個專案的要徑長度變成 19 天，趕工 1 天的成本為 $300。

(2) 如果要縮短專案 2 天，作業 c 不能再縮短 (因為有效天數為 1 天)，趕工成本次之的作業為 e (成本$600) 縮短 1 天，將使要徑長度變成 18 天，趕工 2 天的成本為 $300 + $600 = $900。(a-b-f 和 c-d-e-f 完工天數同為 18 天，且兩路徑均為要徑)

(3) 如果要縮短專案 3 天，方案討論如下：

‧作業 f 縮短 1 天，趕工成本為 $800，作業 f 縮短 1 天，整個專案可以再縮短 1 天，趕工成本為 $800。

‧e 趕工 1 天，同時 b 趕工 1 天，整個專案可以再縮短 1 天，趕工成本為 $600 + $500 = $1,100。

‧因此作業 f 縮短 1 天，累積趕工成本為 $300 + $600 + $800 = $1,700，整個專案即可再縮短 1 天。

路徑	趕工天數 = 1	趕工天數 = 2	趕工天數 = 3
a-b-f	18	18	17
c-d-e-f	19 (c 趕工 1 天)	18 (e 趕工 1 天)	17
累積趕工成本	$300	$900	$1,700

Unit **12-5**
生產活動管制之意義與管理範疇

工作站生產的排程可用生產活動管制來監督，生產活動管制者須考量兩個主題：如何在工作站之間作分配與應使用何種工作運作流程，工作站之間應如何排列生產順序，在此將針對工作站內部的工作流程監督方法進行介紹。

一般而言，在工作站中，工作的指派量可稱之為負荷，管理者在指派工作時，常尋求一種可以把設置成本與作業成本都降至最低的安排，在實務上經常使用甘特圖(Gantt chart)來進行生產活動的管制。

甘特圖是Henry Gantt於1900年所提，用來解決許多排程的問題，包括學校課程的排程、醫院手術室的排程等；甘特圖的目的是組織欲瞭解實際或預定時間架構(time frame work)的資源使用。一般而言，水平軸是表示時間，而垂直軸則是表示資源排程；而甘特圖又可細分為負荷圖(load chart)與排程圖(schedule chart)兩類，典型的負荷圖如圖1所示；而排程圖則是以圖2表示之。

從圖1我們可以清楚的看到，工作中心1在星期一、星期三的下半天到星期四都是忙碌的；工作中心2在星期二及星期三是忙碌的；依此類推。當有新的工作需要排入

圖1　甘特負荷圖

工作中心	星期一	星期二	星期三	星期四	星期五
1	Job 3			Job 4	
2		Job 3	Job 7	✕	✕
3	Job 1	✕		Job 6	
4	Job 10				

▦ 工作　　✕ 工作中不能使用 (保養)

圖2　甘特排程圖

階段	1	2	3	4	5
設計	確認				
地點		準備			
樹木		訂購	收到	植樹	
草皮			訂購	收到	鋪草
最終審查					確認

▦ 進度

時，使用負荷圖可以明確地掌握每一個工作中心的工作狀況。

圖2排程圖則是用來表示工作進行的狀態以及完成的時程，當整個流程被視為一項專案時，使用排程圖可以確保專案能順利完工，因此排程圖也經常使用在專案管理上。

生產活動管制(Production Activity Control；PAC)的管理範疇主要涵蓋現場排程與管制(shop floor scheduling and control)以及供應商排程與跟催(vendor scheduling and follow-up)，如圖3所示。

無論是採購訂單或是製造訂單，都必須納入生產活動的管制，唯有如此，才能確保生產計劃能夠順利執行，不致於影響出貨。

圖3　生產活動管制的管理範疇

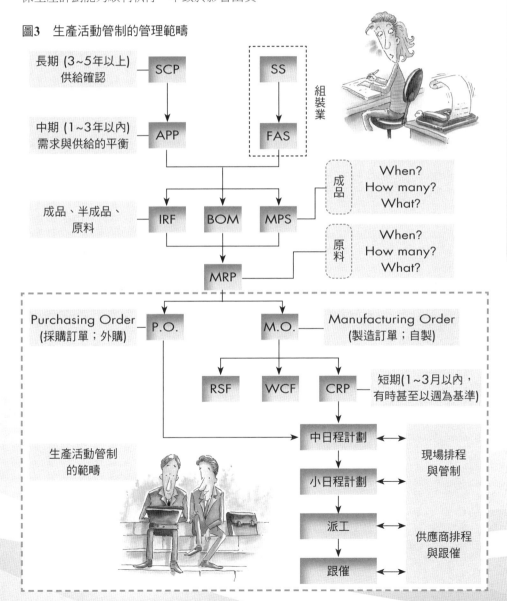

第13章
物料管理與存貨管制

●●●●●●●●●●●●●●●●●●●●●●●●● 章節體系架構 ▼

Unit 13-1
存貨的類型、持有理由與功能

1. 存貨類型

(1) 配合預期顧客需求：顧客可能是特地上街來買立體音響的人，可能是為工具室添置工具的技工。這些存貨都稱為預期存貨(anticipation stocks)，因為預期存貨是為滿足計劃或期望需求而保存的。

(2) 平滑化生產需求：屬於季節需求型態的廠商往往在淡季建立存貨，以備旺季高需求之用，這些存貨稱為季節性存貨(seasonal inventories)。新鮮水果、蔬菜加工業必須處理季節性存貨。

(3) 得到訂購週期的利益：為了最小化採購與存貨成本，採購數量往往必須超過使用需求。這必須儲存一部分或全部的採購量以備後來之用。同樣地，通常生產大量貨品比生產小量貨品較為經濟。而且超額的產出必須儲存以備後來之用。因此，存貨儲存使廠商能採購或生產經濟批量(economic lot size)，並不必配合採購或生產之短期需求，這產生了定期訂購(periodic order)或訂購週期(order cycles)。

(4) 減弱生產配銷系統之關聯：除非在生產或配銷系統中連續步驟有存貨來緩衝，否則會因太獨立，而某一點的間斷就會很快地使整個系統停頓而受損，因為個別作業步驟的中止，會使其他作業一個接一個中斷。存貨在連續製造步驟中，當作緩衝而使其他作業繼續運作。

(5) 預防缺貨發生：交貨遲延與非預期需求之增加，均提高缺貨的風險。遲延的發生可能係由於天氣條件、供給短缺、錯誤原料的交貨、品質問題等緣故。缺貨的風險可經由安全存貨(safety stock)的持有而減低，那是超過預期需求的存貨。

(6) 配合生產：生產作業需花費一定的時間之事實，表示通常會有些在製品存貨。再者原料、半成品項目與製成品以及在倉庫中的中間貨品儲存，在在均導致生產配銷系統中的管線存貨(pipeline inventories)。

(7) 避免價格上漲之風險或享受數量折扣之利益：有時候廠商擔心價格將上漲，增加訂購量。或是採大量採購模式，亦可享受價格折扣之優待。

2. 持有各類存貨的理由

物料種類	持有各類存貨的理由
(1) 成品	・組織採取存貨生產的策略 ・因應平準化的整體產能計劃需求 ・避免延誤對顧客承諾的交期
(2) 在製品	・組織採行製程導向的生產策略，以增加彈性 ・生產與運送較大批量的成本雖然會導致較大的庫存，但卻可能降低物料的運輸及生產成本
(3) 原料	・供應商用批量的方式生產與運送原料 ・較大量的採購導致較大的庫存，但卻可能因數量折扣和較低的運輸成本，而有較低的單位成本

3. 存貨的種類與功能

存貨類別	功 能	利 益
(1) 週期存貨	供應製造作業或從供應商送至使用者	數量折扣，降低準備成本，定期運交
(2) 安全存貨	供應商前置時間變動，未能預期之用量變化	增加銷售量，降低運費成本，節省較高附加價值的服務時間(如耗費時間訂貨、處理缺貨問題)
(3) 預期存貨	使生產順利以應付季節銷售或行銷推廣，利用期貨交易以應付原物料價格上漲，利用保險來防止供應中斷	降低加班、僱用、資遣及失業、訓練等成本
(4) 在製品存貨	工作順流，可使工廠產能有最大產量模組化設計，以增加生產系統彈性	降低運費成本、物料搬運及包裝成本，減少作業的成本客製化

4. 日本式的存貨管理政策

日本的存貨管理政策的主要精神，包括：

(1) 發揮及時生產的精神，運用緊密結合的中衛體系與供應商密切合作，將中心廠以及衛星工廠設置在鄰近地區，以便能快速供貨，因此，訂購成本可以下降。

(2) 將存貨視為浪費甚至是罪惡，許多的品質問題都是因為有不必要的存貨才被隱藏的，再者，過多的存貨所引發的成本其實會超乎想像，舉凡倉庫的管理、空間的閒置、資金的積壓或是貨品的保存等，因此，存貨成本理應更高。

虛線為日本式存貨管理的示意線，依據上述兩項精神，最佳的訂購量縮減為Q″，這與西方國家所採用的持有成本線所規劃的批量Q，相較之下，大幅地降低了，也符合了日式管理所提倡的小批量生產原則。

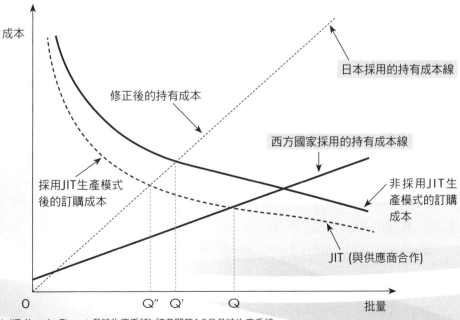

* JIT (Just In Time：及時生產系統) 請參閱第15章及時生產系統

Unit **13-2**
存貨管理技術(I)──ABC存貨管理方法

圖解生產與作業管理

　　ABC分類法是於1879年由義大利經濟學家柏拉圖(Vilfredo Pareto)首創的，他在研究個人收入的分布狀態時，發現少數人的收入占全部人收入的大部分，而多數人的收入卻只占一小部分，他將這一關係用圖表示出來，就是著名的柏拉圖。到了1951年，著名的管理學家戴克(H.F. Dickie)將其應用於庫存管理，正是本章所要介紹的ABC存貨管理方法，我們將倉庫裡的物料，依據其使用價值分成A、B、C三種存貨，依其屬性之不同，制定不同的管理制度及方法。

1. ABC存貨的管理方式

　　(1) A類存貨：數量較少(約占整體存貨數量的10±5%)，使用價值較高(約占整體存貨使用價值的65%±15%)。

　　(2) B類存貨：數量以及使用價值相當(約占整體存貨數量以及使用價值的25±10%)。

　　(3) C類存貨：數量較多(約占整體存貨數量的65±15%)，使用價值較低(約占整體存貨使用價值的10±5%)。

2. ABC存貨的管理目標

220

　　(1) A類存貨：由於此類物料的使用價值較高，須嚴格管控，盡可能不要發生多餘或是不足，其存貨管理目標為「零庫存」，通常都採用物料需求規劃(Material Requirement Planning；MRP)的系統進行管理。此外，此類存貨亦適合採用定量訂購模式來進行管理。

　　(2) B類存貨：此類物料數量以及使用價值較為一般，不需要非常嚴密的管理作業，因此只要設定安全存量，當存量不足時再加以訂購，並予以實施定期盤點，確認料帳相符即可。此外，此類存貨亦適合採用定期訂購模式來進行管理。

　　(3) C類存貨：由於此類物料的使用價值較低，多半不是單價很高或者使用頻率很高的存貨，通常是用最簡單的複倉制(或稱之為二堆制)來進行管理。所謂的複倉制就是平時的存貨準備為兩個或是兩批，當其中一個或是一批使用完畢之後，可使用第二個或第二批，同時再進行採購及補貨即可。

3. ABC存貨的分析方法

　　參見右頁的範例分析。

範例

根據下列資料，請依一年的需求價值，將存貨區分為A、B、C三類：

項目	年需求量	單位成本	項目	年需求量	單位成本
1	1,200	45	7	450	1.7
2	4,500	9.2	8	500	1
3	2,000	4.5	9	220	2
4	1,100	6	10	900	0.4
5	2,400	2.6	11	3,000	0.1
6	2,000	1.5	12	8,000	0.03

【解答】

項目	年需求量	單位成本	年需求價值	年需求價值 %	累積年需求價值占%	ABC分類
1	1,200	45	54,000	44	44	A
2	4,500	9.2	41,400	33.7	77.7	A
3	2,000	4.5	9,000	7.3	85	B
4	1,100	6	6,600	5.4	90.4	B
5	2,400	2.6	6,240	5.1	95.5	B
6	2,000	1.5	3,000	2.4	97.9	B
7	450	1.7	765	0.6	98.5	C
8	500	1	500	0.4	98.9	C
9	220	2	440	0.4	99.3	C
10	900	0.4	360	0.3	99.6	C
11	3,000	0.1	300	0.2	99.8	C
12	8,000	0.03	240	0.2	100	C
總計			122,845			

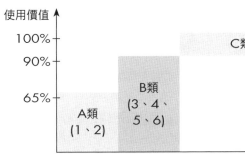

Unit **13-3**
存貨管理技術(II)──簡單經濟訂購量(EOQ)模式

所謂的簡單經濟訂購量(Economics of Quantity；EOQ)模式，是當某一個存貨的庫存降低或是訂購需求產生時，考慮每次訂購批量的大小，所採用的一種存貨管理方式，它所考慮的成本主要是存貨成本和訂購成本，倘若訂購批量較大，將使存貨成本增加，但同時訂購成本會減少；換言之，倘若訂購批量較小，將使存貨成本減少但同時訂購成本會增加，而存貨管理的目標應使存貨成本以及訂購成本總和能夠最小。

1. 假設某項物品年需求量為D (Demand)；訂購量為Q (Quantity)；訂購成本為S (Set-up cost)；存貨持有成本為H (Holding Cost)；單價為P (Price)；I_{max}代表最大庫存量；再訂購點為ROP (Re-Order Point)；循環時間(Cycle Time)表示每一批次生產開始到生產結束的時間。

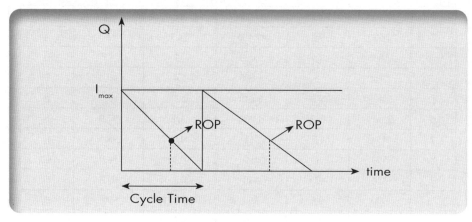

2. 總成本(Total Cost；TC) = 訂購成本 + 存貨持有成本 + 貨品本身成本

$$TC = \frac{D}{Q}S + \frac{Q}{2}H + PD$$

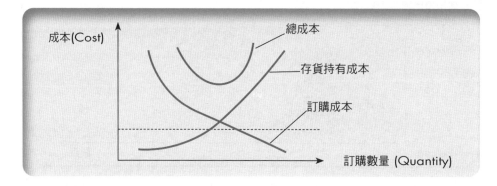

3. 欲求總成本最少，可以將總成本對Q進行偏微分：

$$\frac{dTC}{dQ} = \frac{-DS}{Q^2} + \frac{H}{2} = 0$$

$$\therefore Q^* = \sqrt{\frac{2DS}{H}}$$

4. 存貨持有成本的估算方式

　　存貨持有成本H(Holding Cost)可以用物品本身的單價(P) × 存貨成本率(i)來進行估算，一般而言，存貨成本率約會等於15%~25%，因此，上式可以修改為：

$$Q^* = \sqrt{\frac{2DS}{H}} = \sqrt{\frac{2DS}{Pi}}$$

範例

　　假設今天有A、B兩種存貨，A存貨的年需求為24,000個、訂購成本為35元/次、存貨持有成本為5元/個、A存貨單價為25元；B存貨的年需求為3,600個、訂購成本為42元/次、存貨持有成本需用單價乘上存貨成本率、B存貨單價為120元、存貨成本率為10%，試求A、B兩種存貨的經濟訂購量為何？

　　(1) A存貨的經濟訂購量 $EOQ = \sqrt{\frac{2DS}{H}} = \sqrt{\frac{2 \times 24,000 \times 35}{5}} = 579.7 \cong 578$個，

表示A存貨每次訂購的最佳經濟訂購量為578個。

　　(2) B存貨的經濟訂購量 $EOQ = \sqrt{\frac{2DS}{H = Pi}} = \sqrt{\frac{2 \times 3,600 \times 42}{120 \times 0.1}} = 158.7 \cong 159$個，

表示B存貨每次訂購的最佳經濟訂購量為159個。

Unit 13-4
存貨管理技術(III)——考慮數量折扣狀況下之經濟訂購量模式

所謂考慮數量折扣狀況下之經濟訂購量(EOQ)模式，是當某一個存貨的購買單價，會隨著採購批量的增減而有所調整。一般而言，當採購批量較大時，較有議價空間，廠商願意以較低的價格售出，在這樣的情況之下，因此，在考慮訂購批量的大小時，總成本將涵蓋存貨持有成本、訂購成本以及數量折扣狀況下的單價，倘若訂購批量較大，將可取得較優惠的單價，加上存貨持有成本和訂購成本可能會比訂購批量較小時來得有利，當然，並非批量大、折扣多，總成本就會比較小，必須針對不同的情況加以探討。

數量折扣狀況下總成本公式如下，假定有1~n種不同的數量折扣，該採取哪一個數量作為最佳的經濟訂購量，必須由TC_1~TC_n之中找到總成本最低者，方為最佳的訂購策略，總成本(Total Cost；TC) = 訂購成本 + 存貨持有成本 + 貨品本身成本

$$TC_1 = \frac{D}{Q_1}S + \frac{Q_1}{2} \cdot H_1 + P_1 D$$

$$TC_2 = \frac{D}{Q_2}S + \frac{Q_2}{2} \cdot H_2 + P_2 D$$

$$\vdots$$

$$TC_n = \frac{D}{Q_n}S + \frac{Q_n}{2} \cdot H_n + P_n Q$$

範例

德文公司每個月均需向藍田公司採購汽車燈泡，每個月1,500個、訂購成本為 S = 900元/次，存貨持有率為i = 18%，下表為藍天公司訂出的數量折扣表，顧客訂購的數量愈多，價格可以下降，試問德文公司最佳的訂購量應該是多少個?

價格(US$)		購買數量	存貨持有成本H = P × i
P_1	10	小於3,000	1.8
P_2	9.5	介於3,001~5,000之間	1.71
P_3	9.2	大於5,001	1.656

【解答】

(1) 先以價格P = US$10進行試算：

$$Q_1^* = \sqrt{\frac{2DS}{H_1}} = \sqrt{\frac{2(18,000)(900)}{(10)(18\%)}} = 4,242.6 \cong 4,243 \text{ (件)}$$，與藍天公司設定的

價格條件不合，故不再繼續計算，因為採購4,243個的單價應該是US$9.5，而非
US$10。

(2) 以價格P = US$9.5進行試算：

$$Q_2^* = \sqrt{\frac{2(18,000)900}{(9.5)(18\%)}} = 4,352.8 \cong 4,353 \text{ (件)}$$(符合條件3,001~5,000)，因為採

購4,243個的單價剛好是US$9.5。

計算總成本 = 訂購成本 + 存貨持有成本 + 貨品本身成本

$$\Rightarrow TC_2 = \frac{18,000}{4,353}(900) + \frac{4,353}{2}(1.71) + (9.5)(18,000) \approx 178,443$$

(3) 以價格P = US$9.2進行試算：

$$Q_3^* = \sqrt{\frac{2(18,000)900}{(9.2)(18\%)}} = 4,423 \text{ (件)}$$不合，因為此數量未達以P = US$9.2應購入

的批量數目。

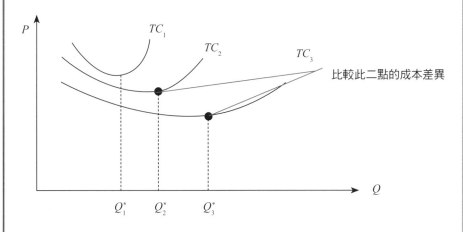

(4) 考慮一次購足5,001件以上的總成本

購買5,001件以上，價格為US$9.2，總成本計算如下：

$$TC_4 = \frac{18,000}{5,001}(900) + \frac{5,001}{2}(1.656) + (9.2) \times (18,000) \approx 172.980 \text{ (元)} < TC_2$$

德文公司應採取一次訂購5,001件以上的訂購策略，不僅可以享受9.2元的單
價折扣，亦可使總成本降至最低。

Unit **13-5**
存貨管理技術(IV)──經濟生產批量(EPQ)模式

　　所謂的經濟生產批量(Economics Production Quantity；EPQ)模式，是所需原料由生產現場自行製作，當生產現場進行製造的同時，就將所生產出來的原物料送至後段製程或可稱之為內部下游顧客。因此，生產現場所要衡量的是，如果生產的數量太多，超過後續製程的需求，將會衍生存貨持有成本；但如果生產的數量太少，小於後續製程的需求，則需要分多批次進行生產，這將會衍生出訂購成本或可稱為設置成本(因為每一次切換生產線，都會衍生換線的時間和成本)，下圖可說明經濟生產批量模式：

　　1. 假設某項原物料年需求量為D (Demand)；訂購量為Q (Quantity)；設置成本為S (Set-up cost)；存貨持有成本為H (Holding Cost)；單價為P (Price)；生產率為p (個/天)；消耗率為d (個/天)；I_{max}代表最大庫存量；再訂購點為ROP (Re-Order Point)；循環時間(Cycle Time)表示每一批次生產開始到生產結束的時間；前置時間(Lead Time；LT)表示訂購之後到原物料真正送達的時間。

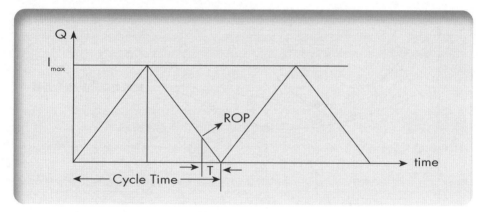

　　2. 總成本(Total Cost；TC) = 設置成本 + 存貨持有成本 + 貨品本身成本

$$TC = \frac{D}{Q}S + \frac{I_{max}}{2}H + PD$$

$$= \frac{D}{Q}S + \frac{1}{2}\left[Q\left(1-\frac{d}{P}\right)\right]H + PD$$

$$I_{max} = \left[Q\left(1-\frac{d}{P}\right)\right]$$

$$\frac{dTC}{dQ} = \frac{DS}{Q^2} + \frac{H}{2}\left(1-\frac{d}{P}\right) = 0$$

$$Q^* = \sqrt{\frac{2DS}{H\left(1-\frac{d}{P}\right)}}$$

範例

　　有一個零配件，訂購成本 S = 2,000 次/元、售價 P = 50 元/個、存貨持有率 i = 5%、年需求 D = 10,000 件、每日生產率 p = 1,000 件，假設每年工作天以 250 天計，請問：

　　1. 若採用EOQ模式直接向外訂購，則(1)經濟訂購量為何？(2)訂購次數？(3)最大庫存量？(4)訂購的週期時間？

　　2. 若採用EPQ模式廠內自行生產，則(1)生產經濟批量為何？(2)生產次數？(3)最大庫存量？(4)生產的週期時間？

【解答】

　　1.EOQ模式：

(1)經濟訂購量 $Q^* = \sqrt{\dfrac{2DS}{H}} = \sqrt{\dfrac{2DS}{Pi}} = \sqrt{\dfrac{2(10,000)(2,000)}{50(5\%)}} = 4,000$ 件

(2)訂購次數 $\dfrac{D}{Q^*} = \dfrac{10,000}{4,000} = 2.5$ (次)

(3)最大庫存量 $I_{max} = Q^* = 4,000$ (件)

(4)訂購的週期時間 $= \dfrac{年工作天數}{Q^*} = \dfrac{250 天}{2.5} = 100$ (天)

　　2.EPQ模式：

(1)經濟生產批量 $= \sqrt{\dfrac{2DS}{H\left(1-\dfrac{d}{P}\right)}} = \sqrt{\dfrac{2(10,000)(2,000)}{50(5\%)\left(1-\dfrac{40}{1,000}\right)}} \equiv 4,082$ (件)

※ $d = \dfrac{D}{250 天} = \dfrac{10,000}{250} = 40$

(2)生產次數 $= \dfrac{D}{Q} = 2.45$ 次

(3)最大庫存量 $I_{max} = Q^*\left(1-\dfrac{d}{P}\right) = 4,082\left(1-\dfrac{40}{1,000}\right) \equiv 3,919$ (件)

(4)生產的週期時間Cycle Time = 邊生產邊消耗時間 + 只消耗不生產時間

$$= I_{max}/(p-d) + I_{max}/d$$
$$= (3,919/960) + (3,919/40)$$
$$= 4 + 97.8 = 101.8 天 \fallingdotseq 102 天$$

227

Unit 13-6

存貨管理技術(V)──允許缺貨候補之經濟訂購量模式

　　允許缺貨候補(back order)之經濟訂購量模式，是指當廠商進行採購時，當採購數量高於預期需求時，會產生多餘的存貨持有成本；反之，當採購數量低於預期需求時，會產生額外的缺貨成本，亦即消費者或顧客雖同意缺貨不足可以之後再撥補，但廠商需付出額外成本以彌補缺貨所造成的不方便，下圖可說明缺貨候補之經濟訂購量模式：

　　1. 假設某項產品的年需求量為 D (Demand)；訂購量為 Q (Quantity)；設置成本為 S (Set-up cost)；存貨持有成本為 H (Holding Cost)；缺貨成本為 C_s (Shortage Cost)；滿倉的存貨 (I_{max} 即 M)；t_1：不缺貨的時間；t_2：有缺貨的時間；循環時間 CT (Cycle Time) = $t_1 + t_2$ 代表每一批次的產品從開始銷售到缺貨後補完成的時間；Q − M = 撥補量或稱後補量。

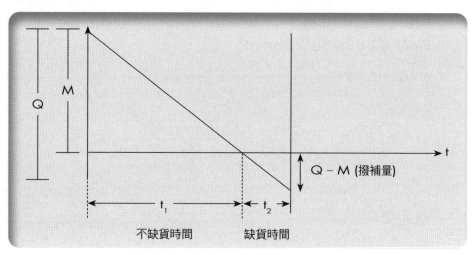

不缺貨時間　　　　　缺貨時間

$$\frac{t_1}{M} = \frac{CT}{Q}, \ \frac{t_2}{Q-M} = \frac{CT}{Q} \ \Rightarrow \frac{t_1}{CT} = \frac{M}{Q}, \ \frac{t_2}{CT} = \frac{Q-M}{Q}$$

$$\frac{M}{Q} = \frac{C_s}{H+C_s} \ \text{(存貨比例)}$$

2. 總成本(Total Cost；TC) = 設置成本 + 存貨持有成本 + 缺貨成本

$$= \frac{D}{Q}S + \frac{1}{2}\left[M\left(\frac{t_1}{CT}\right)\right]H + \frac{1}{2}\left[(Q-M)\left(\frac{t_2}{CT}\right)\right]C_s$$

(其中 $\frac{t_1}{CT}$ 代表不缺貨的時間比率；$\frac{t_2}{CT}$ 代表缺貨的時間比率)

$$= \frac{D}{Q}S + \frac{M}{2}\frac{M}{Q}H + \frac{Q-M}{2}\frac{Q-M}{Q}C_s$$

$$= \frac{D}{Q}S + \frac{M^2}{2Q}H + \frac{(Q-M)^2}{2Q}C_s$$

$$\frac{dTC}{dQ} = \frac{-DS}{Q^2} - \left(\frac{M}{2Q^2}H\right) + \frac{1}{2}C_s - \frac{M^2C_s}{2Q^2} = 0$$

$$\therefore Q = \sqrt{\frac{2DS}{H\left(\dfrac{C_s}{H+C_s}\right)}}$$

範例

有一個玩具，每月需求為 200 件、訂購成本 S 為 80 元/次、缺貨成本 C_s 為 4.8 元/件 (當倉庫缺貨時，無法順利供應貨品，但顧客允許後補所衍生的額外缺貨成本)，存貨持有成本 H 為 6 元/件，請問最佳訂購量應為多少？

【解答】

D為年需求 = 200件 × 12個月 = 24,000

$$Q^* = \sqrt{\frac{2(24,000)(80)}{6\left(\dfrac{4.8}{6+4.8}\right)}} = 1,200 \ (件)$$

229

知識補充站

擴增實境(augmented reality，簡稱AR)是將虛擬物件透過手機或是平板電腦映射至實際的空間與環境之中，創造出一個實體空間但又有虛擬化物件的狀態，AR聽起來好像很科幻，但研究人員製作原型系統的歷史早已超過30年。1960年代，電腦繪圖先鋒蘇澤蘭（Ivan Sutherland）和他在哈佛大學與猶他大學的學生，早已開發出第一套系統，近日風靡全球的寶可夢GO(Pokemon GO)，就是運用擴增實境原理所打造出來的一款遊戲。

Unit 13-7
存貨管理技術(VI)──報童模式與單期訂購模式

　　報童訂購模式，是指商品有銷售期限或使用期限，一旦該商品過了使用期限，其價值就會大幅減低，只有殘餘價值，甚至沒有價值。因此，此類商品在進行存貨管控的時候，就額外需要注意需求的數量以及需求發生的機率，處理這類問題的方式，我們可以參照計算期望值的方式來進行規劃，以下將分別說明之。

　　1. 如果資訊完整，則以EMV(Expected Monetary Value)或EMC(Expect Monetary Cost)求解。

　　2. 若資訊不完整，則以下列方式求解：

　　(1) 期望值(EMV)或期望成本(EMC)。

　　(2) 期望機會損失(Expected Opportunity Loss；EOL)。

　　(3) 臨界比率法(Critical Ratio；CR)。

範例

　　假設鋁箔包牛奶產品的成本10元，售價15元，若未能在保存期限前賣出去，殘值僅剩1元，現假設各期需求量和機率如下：

期別	1	2	3	4
需求	0	1	2	3
事件發生的機率	0.05	0.35	0.4	0.2

　　(1) 在資訊完整的情況下，若每期的訂購量等於需求量，則期望利潤為何？討論如下：

期別	1	2	3	4
需求	0	1	2	3
事件發生的機率	0.05	0.35	0.4	0.2
訂購量	0	1	2	3
利潤	0	5	10	15

① 當需求為0時，訂購量也為0，此時的利潤也為0。
② 當需求為1時，訂購量也為1，此時的利潤也為5元 (15元 − 10元)。
③ 當需求為2時，訂購量也為2，此時的利潤也為10元 (30元 − 20元)。
④ 當需求為3時，訂購量也為3，此時的利潤也為15元 (45元 − 15元)。

計算期望值 $E(\pi) = 0(0.05) + 5(0.35) + 10(0.4) + 15(0.2) = 8.75$

(2) 若資訊不完整，則應如何決策？

【解答一】計算期望值：

需求量 訂購量	事件發生的機率	0	1	2	3
0	0.05	0	−10 + 1	−20 + 2	−30 + 3
1	0.35	0	5	5 − 9	5 − 18
2	0.40	0	5	10	10 − 9
3	0.20	0	5	10	15
EMV		0	4.3	3.7	−2.5

討論如下：
① 當需求為0、1、2、3時，只要訂購量為0，利潤也為0
期望值為0
② 當需求為0時，訂購量為1，此時的利潤為−9元(−10元 + 1元)；
當需求為1時，訂購量為1，此時的利潤為5元(15元 − 10元)；
當需求為2時，訂購量為1，此時的利潤為5元(15元 − 10元)；
當需求為3時，訂購量為1，此時的利潤為5元(15元 − 10元)
期望值 = −9 × (0.05) + 5(0.35) + 5(0.4) + 5(0.2) = 4.3 (最佳)
③ 當需求為0時，訂購量為2，此時的利潤為−18元(−20元 + 2元)；
當需求為1時，訂購量為2，此時的利潤為−4元(15元 − 20元 + 1元)；
當需求為2時，訂購量為2，此時的利潤為10元(30元 − 20元)；
當需求為3時，訂購量為2，此時的利潤為10元(30元 − 20元)
期望值 = 3.7
④ 當需求為0時，訂購量為3，此時的利潤為−27元(−30元 + 3元)；
當需求為1時，訂購量為3，此時的利潤為−13元(15元 − 30元 + 2元)；
當需求為2時，訂購量為3，此時的利潤為1元(30元 − 30元 + 1元)；
當需求為3時，訂購量為3，此時的利潤為15元(45元 − 30元)
期望值 = −2.5

【解答二】用EOL求解(有賺錢是應該的，沒賺到的算虧損)

需求量 ＼ 訂購量 事件發生的機率		0	1	2	3
0	0.05	0	−9	−18	−27
1	0.35	−5	0	-9	−18
2	0.4	−10	−5	0	−9
3	0.20	−15	−10	−5	0
	EOL	−8.75	−4.45 (損失最少)	−5.05	-11.25

討論如下：

① 當需求為0、1、2、3時，訂購量為0，失去的潛在利潤分別為0、5、10、15

　損失期望值 = 0 × (0.05) + 5(0.35) + 5(0.4) + 5(0.2) = 4.3

② 當需求為0時，訂購量為1，此時的損失利潤為−9元(-10元 + 1元)；

　當需求為1時，訂購量為1，此時的損失為0元(需求與存貨相當)；

　當需求為2時，訂購量為1，此時的損失利潤為−5元(失去1個銷售機會)；

　當需求為3時，訂購量為1，此時的損失利潤為−10元(失去2個銷售機會)

　期望值 = −9 × (0.05) + 0(0.35) − 5(0.4) − 10(0.2) = −4.45 (最佳)

③ 當需求為0時，訂購量為2，此時的損失利潤為−18元(−20元 + 2元)；

　當需求為1時，訂購量為2，此時的損失利潤為−9元(−10元 + 1元)；

　當需求為2時，訂購量為2，此時的損失利潤為0元(需求與存貨相當)；

　當需求為3時，訂購量為2，此時的損失利潤為−5元(失去1個銷售機會)

　期望值 = −5.05

④ 當需求為0時，訂購量為3，此時的損失利潤為−27元(−30元 + 3元)；

　當需求為1時，訂購量為3，此時的損失利潤為−18元(−20元 + 2元)；

　當需求為2時，訂購量為3，此時的損失利潤為1元(−10元 + 1元)；

　當需求為3時，訂購量為3，此時的損失利潤為15元(需求與存貨相當)

　期望值 = −11.25

【解答三】若存貨成本(H) = 9元，缺貨成本(C_s) = 5元

　依CR(critical ratio)臨界比率法解，如下：

$$CR = \frac{C_s}{H + C_s} = \frac{5}{9 + 5} = 0.3571$$

需求	0	1	2	3
事件發生的機率(Pr)	0.05	0.35	0.4	0.2
ΣPr	0.05	0.4	0.8	1
CR	0~0.05	0.05~0.4	0.4~0.8	0.8~1

0.3571落於此區，故應訂購1個。

單期訂購模式僅分析單期貨品情況，一般著重於兩種成本：短缺成本與超額成本，說明如下：

(1) 短缺成本(shortage cost)為每單位未實現的利潤。$C_{短缺} = C_s =$ 單位收益 – 單位成本。

(2) 超額成本(excess cost)涉及貨品保留至本期末的成本。事實上，超額成本為採購成本與殘值二者之間的差額。$C_{超額} = C_e =$ 原來單位成本 – 單位殘值。

(3) 服務水準：倘若實際需求大於服務水準則呈現存貨短缺；因此C_s係位於分配的右側。同理，倘若需求小於服務水準，則呈現存貨超額；所以C_e位於分配的左端。當$C_s = C_e$為最佳存貨水準。

$$服務水準 = \frac{C_s}{C_s + C_e}$$ 其中，$C_s =$ 原來單位成本，$C_e =$ 單位超額成本。

範例

飲料廠商每週送西打至Happy商店。需求係每週300升至500升之間的均勻分配。該商店西打每升成本20美分，售價每升80美分。又未賣出的西打無殘值，由於易壞而無法保存至下一週。請算出最佳存量水準及其存貨短缺風險。

【解答】

$C_e =$ 單位成本 – 單位殘值 = \$0.20 – \$0 = 每單位\$0.20

$C_s =$ \$0.80 – \$0.20 = 每單位\$0.60

$$SL = \frac{C_s}{C_s + C_e} = \frac{\$0.60}{\$0.60 + \$0.20} = 0.75$$

因此，最佳存量水準必須滿足需求的時間為75%。就均勻分配而言，最佳存量水準等於最低需求加上最大需求與最小需求間差額的75%：

$$S_0 = 300 + 0.75 (500 - 300) = 450 \text{ 升}$$

存貨短缺風險為 1.00 – SL = 1.00 – 0.75 = 0.25

75% (最佳存量水準)	25% (存貨短缺風險)

300　　　　　　　　　　　450　　　　500

Unit **13-8**
再訂購點管理模式

　　經濟訂購量EOQ模型主要是用以回答最佳訂購量應為多少的問題,但未能回答該於何時進行訂購,何時訂購即為再訂購點(Re-Order Point;ROP)的問題,當持有存貨消耗至某預定的數量時,再訂購點就會出現。此訂購數量,通常會包含前置時間的期望需求、額外存量或稱安全存量之緩衝,此額外存量之緩衝旨在減低前置時間發生存貨短缺之機率,以下將訂購的四項決定因素列示如下:

1. 需求率(通常根據須測而來)。
2. 前置時間。
3. 需求與前置時間變異程度。
4. 管理者所能接受存貨短缺風險的程度。

　　假若需求與前置時間為固定,則訂購點之計算公式如下:(需求和前置時間必須有相同的時間單位)

$$ROP = d \times LT$$

其中,
d = 需求率(以每日或週為單位)
LT = 前置時間(以每日或週為單位)

(1) 固定前置時間LT且需求率 d 固定
ROP (Re-Order Point) = $d \cdot LT + SS$(safety stock)

範例

　　每天補貨水果5盒,前置時間3天,請問:
(1) ROP再訂購點?
(2) 如果安全存量為2天,則ROP為何?

【解答】
(1) ROP = 5 × 3 = 15　(2) 5(3) + 10 = 25

　　當前置時間或是需求率牽涉到可能會有變動的情況下,就必須考慮服務水準(服務水準 = 100% – 存貨短缺風險),因為儲存安全存量必須花費成本,故管理者必須仔細在安全存量之持有成本與降低存貨短缺的風險之間做一取捨。

　　當存貨短缺的風險減少,顧客服務水準因而提高,訂購週期服務水準(service

level)可定義為在前置時間，需求不超過供給的機率(亦即持有存量足以應付需求)。因此，95%的服務水準意味著需求不超過供給的機率為95%。換句話說，在此情況下，能滿足需求的機率為95%。但它不意味著滿足95%的需求，而是表示95%的顧客服務水準意味著5%的存量短缺風險。

(2) 固定前置時間LT且需求率 d 變動

$$ROP = \bar{d} \cdot LT + SS = \bar{d} \cdot \sigma_d \cdot \sqrt{LT}$$

其中，
$\bar{d}$ = 平均每日或每週需求
σ_d = 每日或每週需求的標準差
LT = 前置時間

範例

某餐廳每週平均使用50罐醬油，其標準差為3罐醬油。在前置時間內，管理者願意接10%短缺的風險。前置時間為2週。醬油罐的使用分配呈現常態。請回答下列的問題：

(1) 上述公式中，哪一個公式較適宜？為什麼？
(2) 請計算 z 值。
(3) 請計算 ROP。

【解答】

d = 每週50罐
LT = 2週
σ_d = 每週3罐，可接受的風險 = 10%，故服務水準 = 0.90

(1) 因為只有需求呈現變異，$ROP = \bar{d} \cdot LT + SS + \bar{d} \cdot LT + z \cdot \sigma_d \cdot \sqrt{LT}$ 較適合。
(2) 使用服務水準0.900，可得到z值為 + 1.28。
(3) $ROP = d \times LT + z\sqrt{LT}\sigma_d = 50 \times 2 + 1.28\sqrt{2} = 100 + 5.43 = 105.4$。

(3) 變動前置時間 $\overline{LT}$ 且需求率 d 固定

$$ROP = d(\overline{LT}) + SS \quad \Rightarrow ROP = d \times \overline{LT} + zd\sigma_{LT}$$

其中，
d = 每日或每週需求
$\overline{LT}$ = 平均前置時間(日或週)
σ_{LT} = 前置時間的標準差(日或週)

範例

米飯需求42kg/天，$\overline{LT} = 5$天，$\sigma_{LT} = 2$ 天，假設 $SL = 95\%$

【解答】

$$ROP = d(\overline{LT}) + SS \Rightarrow ROP = d \times \overline{LT} + zd\sigma_{LT} = 42(5) + 1.645(42)(2) = 348.18(kg)$$

(4) 變動前置時間 $\overline{LT}$ 且需求率 $\overline{d}$ 變動

$$ROP = \overline{d} \cdot (\overline{LT}) + SS = \overline{d} \times \overline{LT} + z\sqrt{\overline{LT}zd\sigma_d^2 + \overline{d}^2\sigma_{LT}^2}$$

範例

某項商品 $\overline{d} = 180$ 包，$\overline{LT} = 5$天，$\sigma_d = 12$ 包，$\sigma_{LT} = 1$ 天，$z = 1.645$

【解答】

$$ROP = \overline{d} \times \overline{LT} + z\sqrt{\overline{LT}\sigma_d^2 + \overline{d}^2\sigma_{LT}^2} = 180 \times 5 + 1.645\sqrt{144.5 + 1 \cdot (180)^2} = 1,196.76(包)$$

圖解生產與作業管理

前置時間	需求率	公　　式
固定	固定	$ROP = d \cdot LT + SS$
固定	變動	$ROP = \overline{d} \cdot LT + SS + \overline{d} \cdot LT + z \cdot \sigma_d \cdot \sqrt{LT}$
變動	固定	$ROP = d(\overline{LT}) + SS = d \times \overline{LT} + zd\sigma_{LT}$
變動	變動	$ROP = \overline{d} \cdot (\overline{LT}) + SS = \overline{d} \times \overline{LT} + z\sqrt{\overline{LT}\sigma_d^2 + \overline{d}^2\sigma_{LT}^2}$

Unit 13-9
定期訂購模式與定量訂購模式之比較

1. 定期訂購模式

定期訂購(Fixed Order Interval；FOI)，係指在固定期間(每週或一個月兩次)訂購不定量的貨品而言。在某些情況下，使用定期訂購模式相當符合實際。在某些情況，供應商之政策會鼓舞廠商採用定期訂購模式。即使情況並非如此，倘若向同一供應商集體採購某些貨品，則可省下許多運費。再者，某些情況無法適應於永續盤點存量水準。很多零售商(例如：藥房、小雜貨店)屬於此類型。他們大部分都採用定期訂購模式，只需定期盤點存量水準。

定期訂購模式之訂購量計算公式：

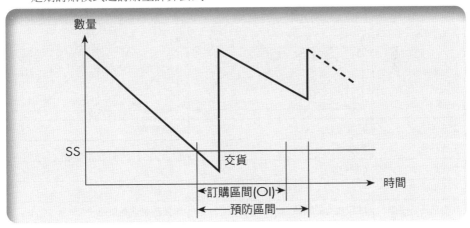

訂購區間(Order Interval；OI)；前置時間(Lead Time；LT)；再訂購點持有存貨量(Amount；A)；預防區間內需求之標準差：σ_d；預防區間內平均需求：$\bar{d}$；標準常態分配的隨機變數：z，變數z的平均數為0，標準差為1。

【計算公式】

訂購量 = 預防區間的期望需求 + 安全存量 − 再訂購點持有存貨量

$$訂購量 = \bar{d}(OI + LT) + z\sigma_d\sqrt{OI + LT} - A$$

範例

某商品平均需求25，$SL = 95\%$，$\sigma_d = 5$，$A = 25$，每週訂購一次，前置時間2天，請問該商品：(1)預防區間；(2)訂購量。

【解答】

(1) 預防區間 = 2 + 7 = 9(天)

(2) 訂購量 $= \bar{d}(OI + LT) + z\sigma_d\sqrt{OI + LT} - A = 25(7 + 2) + 1.645 \times 5 \times \sqrt{(7 + 2)}$
$- 25 = 225$，應訂購225個。

2. 定量訂購模式

　　在定量訂購模式中，以ROP求其訂購量；而在定期訂購模式中，則以時間決定訂購量。因此，定期訂購模式必須考慮預防前置時間與下次訂購週期存量短缺之情形，但是定量訂購模式僅須考慮預防前置時間存量短缺情形，因為額外的訂貨可在任何時間申請，而於短時間(前置時間)後即可接收到。因此，定期訂購模式比定量訂購模式需要較多的安全存量。

定期訂購模式與定量訂購模式之比較表

比較項目	P-System定期訂購模式	Q-System定量訂購模式
1.訂購量		
2.庫存記錄	實地盤存	永續盤存
3.庫存量	較多	較少
4.種類	C類物料	A類物料
5.維護時間	定期訂購，不需費時記錄	需持續記錄，故較耗時
6.需求異常增加	導致較大訂購量	導致訂購週期縮短
7.存貨監督	下單前才檢查持有存貨水準，便決定該訂購多少	嚴密監督存貨水準，以便瞭解持有存貨何時達到再訂購點
8.訂購決定	以時間決定訂購點	以數量(ROP)決定訂購點
9.預防缺貨作法	必須考慮前置時間以及下次訂購週期內存貨短缺的情形	只需考慮前置時間內缺貨的情形，因為可隨時額外訂貨，且於前置時間後交貨
10.安全存貨	因為需考慮前置時間以及下次訂購週期內需求，考慮時間較長，所以安全存量也較多	只考慮前置時間內需求，故安全存量較少
11.訂購量	預防存貨短缺期間的期望值 + 安全存貨 − 再訂購點時之持有存貨	經濟訂購量
12.主要優點	多項貨品來自同一供應商，可以節省訂購、包裝與運輸成本 當存貨無法嚴密監控時，這是比較務實的作法	較少存貨 可以辨別經濟訂購批量 較短的預防缺貨時區，有較少的安全庫存
13.主要缺點	較多的安全庫存 較長的預防缺貨時區	無法一次訂購不同種的貨品 較高的訂購、運輸與包裝成本

第 三 篇

生產與作業管理 整合面

第 14 章
企業資源規劃

章節體系架構 ▼

Unit **14-1**
ERP系統的演進史(I)──源起於MRP

　　所謂的企業資源規劃(Enterprise Resource Planning；ERP)是一個以會計為基礎而逐漸發展的資訊系統，利用資訊系統來記錄、規劃、生產、採購、檢驗、出貨和結算客戶訂單及帳款所需的整個企業資源，由於資料一致性、即時性及整體性，將原本企業個別的功能組織整合成以流程為導向的整合型作業規劃，包含了產(生產)、銷(配銷)、人(人力資源)、發(研發)、財(財務)等企業各功能性部門的作業，使經營決策能更加迅速且正確。

　　隨著時代的演進，資訊技術不斷進步，電腦的速度愈來愈快，價格也愈來愈便宜，許多公司都利用電腦處理日常事務。網路技術的發展帶來了非常大的改變，資訊的傳遞更加方便與迅速，這引起了另一波新的革命。

　　目前市場競爭非常激烈，唯有掌握速度與彈性才能占有競爭優勢，企業紛紛引入有力的軟硬體，希望這些工具能提升公司的競爭力，在這些工具之中，企業資源規劃占了很重要的地位。

　　企業資源規劃並不是一個完全創新的觀念，它是從物料需求規劃(Material Requirement Planning；MRP)、閉環式物料需求規劃(Closed-loop MRP)、製造資源規劃(Manufacturing Resource Planning；MRP II)一路發展過來的。依歷史發展的先後順序，係由物料需求規劃、閉環式物料需求規劃、製造資源規劃及企業資源規劃，即企業生產系統的演進係演進式的延伸及擴充。企業資源規劃系統的演進圖，如下：

MRP	Closed-loop MRP	MRP II	ERP	ERP II
1960	1970	1980	1990	2000~

　　1960年代之前，製造業大都採用再訂購點(Re-Order Point)的方式作為物料的管理方式，也就是說工廠內所需使用的物料設一訂購點，只要存貨水準降到再訂購點之下，即可下單訂購。這種方式的好處是容易瞭解、方便管理；缺點是每種物料都需保持一定數量，如此一來，會造成許多不常使用的物料需要儲存在倉庫很久，容易積壓存貨，產生過多的資金積壓成本。

1. MRP之主要輸入

- 物料清單(Bill of Material；BOM)：表示製成品的組成項目；
- 主生產排程(MPS)：表示需要多少製成品及何時需要；
- 批量政策：表示採行何種批量大小，固定數量或時間之政策；

• 前置時間(lead time)：表示各物料所需準備及整理的時間；

• 存貨記錄檔：表示目前存貨量及已訂購量，在經由電腦的資料處理則可產生每一規劃期間內所需用的物料、零件的淨需求量。

2. MRP輸出

• 計劃訂單排程。

• 計劃訂單的開立及變更。

• 績效控制報表。

• 規劃報告和例外報告。

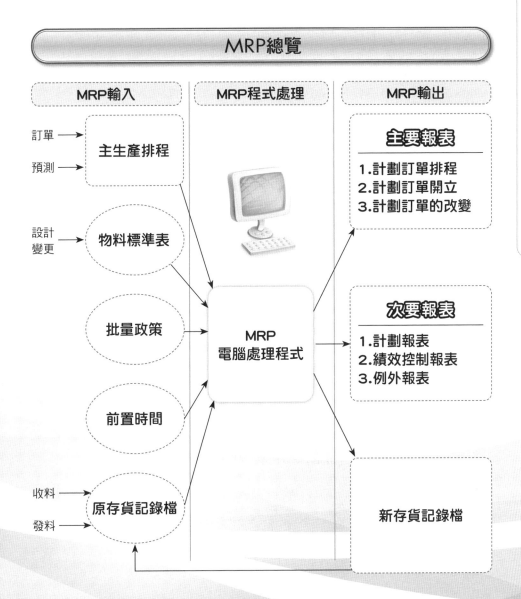

Unit **14-2**
ERP系統的演進史(II)──閉環式 MRP系統及MRP II

　　主生產排程(MPS)的概念和物料需求規劃(MRP)同時發展出來。如果MPS上的產品比實際生產的多，或因為缺料而無法製造，或有任何不切實際的情形，那麼物料需求規劃就無法依真正的需求日期印出正確的優先次序。

　　為瞭解決以上的問題，閉環式物料需求規劃被提出。所謂「閉環」表示一種「回饋(feedback)」的觀念，它將集體生產規劃(Aggregate Production Planning；APP)、主生產排程、物料需求規劃及產能需求計劃(Capacity Requirement Planning；CRP)作了互動式的連結，彼此之間可以互相影響並加以調整，使得生產計劃確實可行。

　　依據美國生產與存貨管制學會(American Production and Inventory Control Society；APICS)之定義：「製造資源規劃(Manufacturing Resource Planning；MRP II)乃製造廠商對於製造資源的有效規劃方法。它具模擬的能力，可回答「如果…則…」這類的問題。它是由各種不同功能組合而成的，而且每種功能都要相互連接在一起：事業規劃、銷售規劃與集體生產規劃、主生產排程、物料需求規劃、產能需求計劃，以及在產能與物料管制上的一種執行支援(輔助)系統。所有這些系統的輸出都與財務報告整合在一起，如事業計劃表、採購完成報告表、出貨預算表、預期期末庫存報告表等皆用金錢表示之。」製造資源規劃的整體觀念如右頁圖所示。

　　製造資源規劃是從閉環式物料需求規劃演進而來，具有以下特點：

　　1. 日常作業系統和財務系統合而為一：這兩個系統共用異動資料及同一套數據，財務數據是來自日常作業系統。

　　2. 它有「如果……，則……」(what if)的能力：因為一個好系統，本質上就是實際狀況之模擬，因此各種不同的決策結果可以事先模擬出來。

　　3. 它是全公司共用的系統，公司裡每一部門都會用到MRP II。它涵蓋銷售、生產、庫存、排程、資金流動等各層面，成為製造業或配銷業之基本計劃和管制系統。

　　MRP II使管理階層終於有一套共用的數據來經營事業，而且每一個人用的都是同一套完整的、正確的數字。如果有人問：「那麼，MRP II到底是什麼？」就技術上而言，「它和Closed-loop MRP沒有多大不同。但是它多了財務數字，也有模擬的能力。」技術上的差異雖不大，但實際成效相差頗大。

閉環式物料需求規劃系統

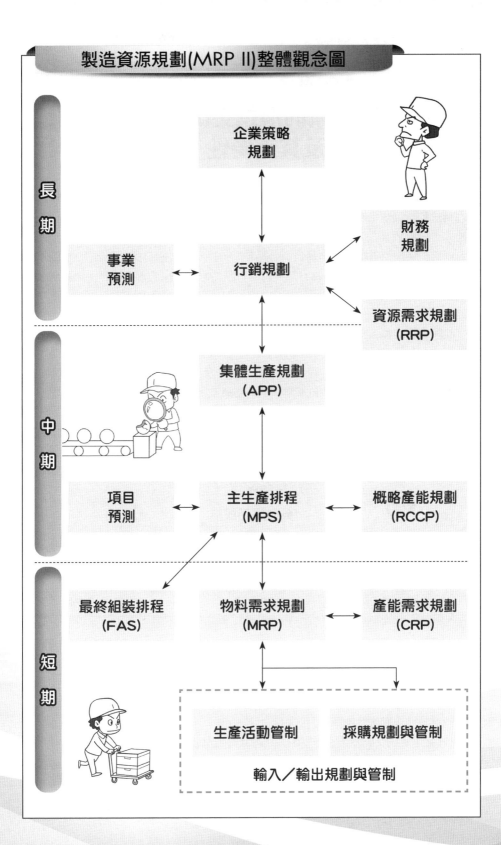

製造資源規劃(MRP II)整體觀念圖

企業策略規劃

財務規劃

事業預測　　行銷規劃

資源需求規劃(RRP)

集體生產規劃(APP)

項目預測　　主生產排程(MPS)　　概略產能規劃(RCCP)

最終組裝排程(FAS)　　物料需求規劃(MRP)　　產能需求規劃(CRP)

生產活動管制　　採購規劃與管制

輸入／輸出規劃與管制

長期

中期

短期

Unit **14-3**
ERP系統的演進史(III)──ERP的建置環境及其重要性

● ERP的建置環境

傳統的企業要求產品價格低、品質可靠，現在的企業除了這些以外，還要求「速度快」、「彈性高」、「定時定點送貨」、「電子商務」等，如果不具以上功能的話，相信企業在競爭中必定居於劣勢。近年來，許多企業紛紛採用企業資源規劃系統(ERP)作為公司內部運作的選擇方案，有的是因為原本使用的舊系統無法通過Y2K(舊系統因年代記錄欄位不足而引發的錯誤)的考驗，有的是認為新系統或可幫助公司占有競爭優勢。

企業資源規劃系統就是將企業組織內的生產、行銷、人事、研發、財務及其他相關功能結合在一起的跨部門、跨單位，共同分享整體企業資訊的應用軟體程式。它的內容包含許多模組，如總帳、存貨、訂單、BOM等，這些模組本身已經具有連動的性質，只要將企業的資料輸入並依據實際的需要調整所需的功能，就可以實際上線。

企業可以應用企業資源規劃系統，將它們所有分支機構連成全球系統，即時分析產品品質、規格、客戶滿意程度、整體獲利表現程度等。一般而言，企業資源規劃系統大都採用三層式的主從架構，如下圖所示：

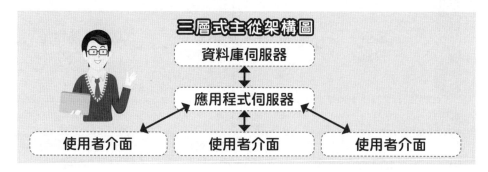

建置這種三層式主從架構的好處，可以分別減輕前後端的工作負荷。一方面使資料庫伺服器只需要與應用程式伺服器建立單一個連結，從而能夠專心地執行其資料處理的工作；另一方面對前端工作站而言，則不需要在每一部PC中安裝存取介面軟體，只要負責使用者介面的執行動作即可。

企業資源規劃系統的運作方式如下：

(1) 使用者在安裝企業資源規劃客戶端軟體的電腦作業上，發出要求(request)。

(2) 應用程式伺服器收到使用者端的要求並對資料庫作存取作業。

(3) 待存取作業完成後，應用程式伺服器將處理的結果傳回客戶端。

(4) 使用者從客戶端觀看執行的結果並執行其他作業。

ERP對企業的重要性

ERP是一套昂貴且複雜的系統，其中包含著許多模組，這些模組彼此相互連結，將整個企業日常運作的所有流程都包含在內。因為系統的複雜性頗高，所以，許多公司在導入時都面臨了很大的阻力，因此導入失敗的例子時有所聞。究竟ERP導入對公司有什麼重要性呢？以下將敘述企業導入ERP的五點效益。

(1) ERP能簡化許多工作程序，加快企業的反應速度

有了ERP，人員的作業情形和以往最大的不同在於，所有的溝通都可以在線上完成。舉例來說，以前業務部接到客戶訂單，必須透過電話、傳真或電子郵件等各種方式跟生產部門等相關單位洽詢，才可以決定能不能接單。而有了ERP之後，業務人員可以直接上線查詢所需要的資料，立即對客戶的需求作出回應。

(2) ERP的資料共用性與正確性

在沒有ERP之前，公司各個不同的部門可能都擁有各自的作業系統，例如：訂單系統與生產排程系統都需要訂單資料作為輸入。當這種情況發生時，同一份資料就必須在不同的系統間作重複的輸入，如此不但浪費人工，同時資料的正確性也會因重複輸入時所犯的錯誤而降低。由於ERP是將所有的功能整合在一個系統之中，而且只使用一個共用的資料庫，所有的資料只要經過一次輸入，就可以被全部的模組所使用，省去了重複輸入作業並可提高資料正確性。

(3) ERP可達成資訊的即時性

以往各部門各自獨立的作業系統若要做到資料之間沒有差異，必須依賴不斷地輸入異動資料，並且還無法達成即時的效果。有了企業資源規劃系統後，由於使用共用資料庫，資料只要一經更改，不管是任何部門，得到的都是一樣的、最新的資料，完全做到資訊的即時性。

(4) ERP可簡化流程，節省管銷費用，降低企業經營成本

如第(1)點所舉的例子，原本要經過多道程序才能得到的資訊，在導入企業資源規劃系統之後，都可以在線上取得，大大地簡化原來的流程，其發生的管銷費用，都可以節省下來。

(5) 企業應用ERP可及時掌握實際經營狀況，快速因應市場及顧客需求

由於企業資源規劃系統採用一個共用的資料庫，所有資料的正確性與即時性都大為提高。掌握生產現場的資訊，可給予顧客及時反應，提高對公司的信心。

另外，企業資源規劃系統可作為電子商務(EC)或電子資料交換(Electronic Data Interchange；EDI)的基礎，可增進與顧客、上下游廠商的密切關係。由此可見，企業資源規劃系統是現代企業經營，不可或缺的主要競爭武器之一。

Unit **14-4**
不同生產類型對企業資源規劃系統的需求

一般的生產型態可分為流線型(flow shop)、零工型(job shop)與專案型(project)生產，其特性如下：

1. 流線型生產：此種生產型態又可分為連續性與重複性生產，其主要的生產特性為：

(1) 大量生產，壓低產品之單位成本。

(2) 產品種類少，且製造規格標準化的程度高。

(3) 製造流程是固定的，且原物料、零組件與在製品流動是持續的。

(4) 作業技術水準要求不高。

(5) 多為存貨式生產(make to stock)。

2. 零工型生產：又稱為「間歇型(intermittent)生產」，此類型的主要生產特性為：

(1) 少量生產，產品多樣化。

(2) 生產設備依其功能區分設置。

(3) 製造流程隨產品而異，且原物料、零組件與在製品流動是間歇性的。

(4) 作業技術水準要求較高。

(5) 生產彈性大，導致生產控制較為複雜。

(6) 多為訂單式生產(make to order)。

3. 專案型生產：亦稱為「定點式生產」，主要的生產特性為：

(1) 生產所需之設備、人員與原物料皆集中到製造現場，並隨著生產場地的更換，生產設備、人員與原物料亦要跟著移動。

(2) 產品規模與投資龐大、製造時間長。

(3) 工程相當複雜、技術水準要求非常高。

(4) 多為訂單式生產。

不同型態產業之生產特性不一，所需之企業資源規劃系統的功能亦略有不同，下表列出了不同生產類型對企業資源規劃系統的不同需求。

不同生產類型對企業資源規劃系統的不同需求

生產類型	流線型生產	零工型生產	專案型生產
產業特性	少樣多量，多為存貨式生產	多樣少量，多為訂單式生產	數量最少，變異最大，訂單式生產
對ERP系統的特殊需求	因為是存貨式生產且數量龐大，所以希望系統能支援預測及存貨管理功能。	因為產品的樣式眾多，所以需要決定各產品所用資源來分攤成本，強調系統的成本追蹤功能。	因為生產是以專案計劃的方式進行，所以希望系統能支援專案管理的方法，例如：成本管理、資源管理、進度管理及績效評估等。

ERP規劃下的三種生產類型

流線型生產

少樣多量，多為存貨式生產

因為是存貨式生產且數量龐大，所以希望系統能支援預測及存貨管理功能。

零工型生產

多樣少量，多為訂單式生產

因為產品的樣式眾多，所以需要決定各產品所用資源來分攤成本，強調系統的成本追蹤功能。

專案型生產

數量最少，變異最大，訂單式生產

因為生產是以專案計劃的方式進行，所以希望系統能支援專案管理的方法，例如：成本管理、資源管理、進度管理及績效評估等。

Unit 14-5
ERP系統的導入過程及完整架構圖

企業資源規劃的建置與導入過程

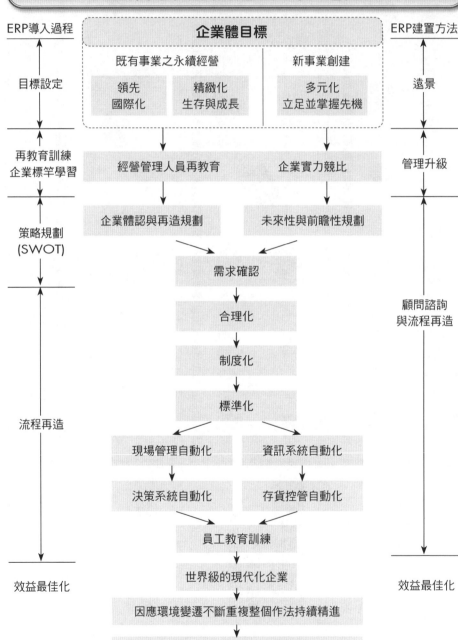

ERP導入過程	企業體目標		ERP建置方法
目標設定	既有事業之永續經營 / 新事業創建		遠景
	領先 國際化　精緻化 生存與成長　多元化 立足並掌握先機		
再教育訓練 企業標竿學習	經營管理人員再教育　企業實力競比		管理升級
策略規劃 (SWOT)	企業體認與再造規劃　未來性與前瞻性規劃		
	需求確認		顧問諮詢 與流程再造
	合理化		
	制度化		
	標準化		
流程再造	現場管理自動化　資訊系統自動化		
	決策系統自動化　存貨控管自動化		
	員工教育訓練		
效益最佳化	世界級的現代化企業		效益最佳化
	因應環境變遷不斷重複整個作法持續精進		
	持續不斷的改善，以提升企業競爭優勢		

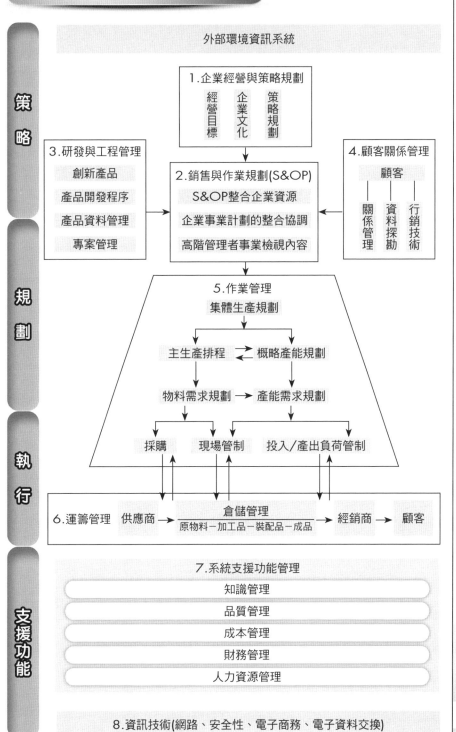

企業資源規劃系統完整架構圖

外部環境資訊系統

策略

1.企業經營與策略規劃
- 經營目標
- 企業文化
- 策略規劃

3.研發與工程管理
- 創新產品
- 產品開發程序
- 產品資料管理
- 專案管理

2.銷售與作業規劃(S&OP)
- S&OP整合企業資源
- 企業事業計劃的整合協調
- 高階管理者事業檢視內容

4.顧客關係管理
- 顧客
- 關係管理
- 資料探勘
- 行銷技術

規劃

5.作業管理
集體生產規劃

主生產排程 ⇄ 概略產能規劃

物料需求規劃 → 產能需求規劃

採購　　現場管制　　投入/產出負荷管制

執行

6.運籌管理　供應商 → 倉儲管理
原物料－加工品－裝配品－成品 → 經銷商 → 顧客

支援功能

7.系統支援功能管理
- 知識管理
- 品質管理
- 成本管理
- 財務管理
- 人力資源管理

8.資訊技術(網路、安全性、電子商務、電子資料交換)

第 15 章
及時生產系統

章節體系架構 ▼

Unit 15-1
JIT系統架構及其目標

　　及時生產系統(just in time；JIT)源自於日本著名的豐田汽車公司，回顧其發展的時空背景，有鑑於當時日本國內的市場環境、勞動力以及二次世紀大戰之後資金短缺等，該公司的副總裁大野耐一等管理階層均意識到美國汽車工業的生產方式雖然已很先進，但現今的日本必須採取一種更靈活、更能適應市場需求且提高產品競爭力的方式來進行生產，於是就採取了一連串的汽車生產方式的變革，以多樣化且高品質為目標來進行整個製造流程的變革與設計，多年下來，這樣的生產模式日趨成熟，且逐漸被廣為學習逐漸形成一種獨特的生產哲學，學者們稱之為及時生產系統。

　　所謂的及時生產系統是指在反覆性生產系統裡，無論是生產所需的原物料、生產過程中的半成品以及供應商的交貨時程，均需對應顧客的要求(包括交期、品質和數量等)，在製程過程中的每一步驟，下一批(通常為小批量)到達準備加工時，恰為前一批完成之時(故稱為剛好且及時的生產)；JIT的系統架構如右圖所示。

　　1. 此法強調透過小批量、高品質與團隊工作，持續不斷努力從生產過程消除浪費。

　　2. 在JIT生產系統中，既無閒置項目等待被加工，也沒有閒置工人與設備項目等待加工。

　　3. 此一生產哲學是在追求發揮下列功能的系統：最低存量水準、最少浪費、最少空間與最低交易。

　　4. 此一生產哲學追求不混亂、能彈性處理產品變化的系統。其最終目的在達到物料流程順暢的平衡系統。

　　5. 使用JIT系統的公司，其品質控管需達水準以上，足以處理小批量以及緊湊時程的訂單。

　　6. JIT系統擁有高度的可靠性。

　　7. 工人們接受訓練後，不僅能發揮功能而且能持續不斷地改進著。

　　JIT重要的目標，在於保持生產線中平衡且迅速的流程，此一目標看似簡單，但卻必須是由多項支援性的目標所支持，方可有效達成。

　　JIT系統的目標是讓整個系統得以平衡，亦即達到生產製程之物料流程順暢，JIT系統的構想是透過資源使用最佳化的方式，使製程時間大幅縮短，並專注於浪費的消除，整體目標達成的程度，取決於製程的改善幅度，以及上下游之間能否緊密配合，以下為JIT階段性的目標：

　　1. 消除混亂。

　　2. 降低設置時間。

　　3. 降低前置時間。

　　4. 視存貨為罪惡，務必使其最小化。

　　5. 消除生產過程中的各種浪費：生產過程中的浪費代表生產性資源連串的消耗與

254

減損，消除浪費能夠騰出有效資源並提升生產。在JIT哲學中，浪費包括下列事項：

(1) 多餘的生產：超額生產造成製造資源之超額使用。

(2) 不必要的等候時間：等候時間需要空間，卻沒有附加價值。

(3) 不必要的運送：增加搬運，增加在製品存貨。

(4) 不必要的存貨：存貨引起閒置資源、隱藏品質問題與生產缺乏效率。

(5) 加工浪費：造成不必要的生產步驟與耗損。

(6) 沒有效率的工作方法：未經考量的布置與物料移動型態，將會增加在製品存貨。

(7) 產品不良：產品不良浪費重新加工成本以及顧客不滿意而引起的銷售損失，甚至是商譽受損。

6. 使生產系統彈性化。

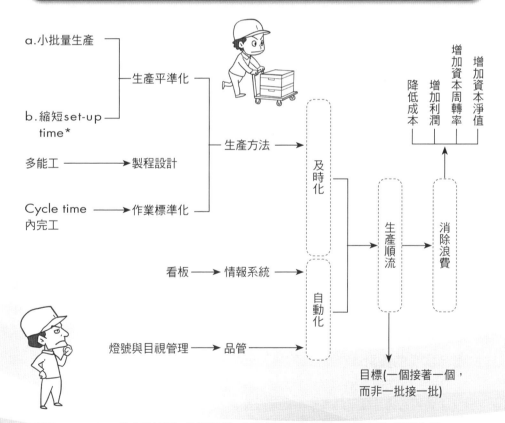

*縮短set-up time的方法包括：快速換模＋內整備改為外整備＋改善夾具＋平行作業

Unit 15-2
JIT重要的功能

　　JIT的系統環境設計，需由以下幾個要項共同支持，其中包括生產製造系統的設計、產品本身的設計、生產規劃與管制系統的設計以及人事組織的設計。

1. 生產製造系統的設計

　　(1) 小批量生產：在JIT的生產系統裡，最理想的批量是一個單位，一次生產一種產品(數量一個)雖然可能不是很合乎事實，但這是一個理想狀態，實際上是希望推動生產批量最少化，讓生產製造的過程與供應商之間實施小批量，得以產生許多效益，也會讓JIT系統有效率地運行著，其優點包括：

　　·產品上線或是批量之間換線的籌置時間減低。

　　·以單元製造系統(cellular manufacturing system)的方式進行生產，可以更有彈性。

　　·產線上有限的在製品，減少不必要的浪費。

　　·容易發現品質的問題，使得產品品質大幅改進。

　　·增加生產彈性。

　　·降低存貨，降低持有成本。

　　·儲存存貨的空間減少。

　　·減少重新加工。

　　·易於進行作業平衡。

　　(2) 較少量的存貨持有：在JIT系統中，使持有存貨最小化的方法之一，是提供誘因，使供應商願意直接交貨到生產區域，此作法可以消除持有過量零配件與物料的需要，在生產線的末段，已經完成的製成品則應儘快裝運出去，不讓成品在廠內堆積，並使製成品的存貨得以最小化，加上少量的在製品存貨，上述措施的目的均在使生產系統的存貨大幅減少，較少量的存貨有下列各項優點：

　　·存貨持有成本減少。

　　·存貨所需空間減少。

　　·減少存貨可以降低大量存貨所產生的依賴。

　　·減少重新加工。

　　·假設有不良品產生或是產品進行重新設計，現有在製品的存量損失可以大幅減少。

2. 產品本身的設計

　　下列產品的設計對JIT系統相當重要：

　　(1) 使用共通且標準的零件：在產品設計之初，及考慮後續生產製造、產品檢驗、產品維修、零件更換甚至是損壞更新所可能衍生的各項問題，標準零件的使用需延伸至所有的產品，如此一來，表示產品僅會使用較少的零件，故可減少訓練時間與成本，採購、搬運與檢核品質更具例行性。

(2) 模組化設計(modular design)：模組化設計是共通零件標準化的延伸，標準化旨在減少物料清單中零配件的數目，進而簡化物料清單，不過標準化的缺點可能會導致產品的變化減少，甚至無法達到消費者多樣性的需求，因此針對不同產品所需的個別化差異，則可以使用延緩差異化(delayed differentiation)的方式來處理，先將共通標準的部分生產製造為半成品，個別差異的部分則放到最後再個別予以加工製作，則生產者可以延緩生產最終項目的決策，當明瞭哪一種產品確實是顧客之需時，生產系統即可迅速地生產後端具差異的部分。

(3) 卓越品質：卓越的品質是JIT不可或缺的，良好品質對JIT系統相當重要，品質問題往往會造成主要的混亂，當產線實施JIT之後，就已經開始嘗試小批量生產，也不會有過多的緩衝存量，因此，當產線發生問題時，生產就會停止，務必等到品質問題解決之後，生產才能恢復正常。

3. 生產規劃與管制系統的設計

(1) 平準化負荷，讓生產線上的各個工作站負荷予以平衡。
(2) 拉式系統，由顧客訂單產生製造需求，不盲目地生產沒有需求的產品。
(3) 目視系統，讓生產現場內的各項資訊得以清楚的展現。
(4) 緊密的協力關係，內外部顧客緊密相互合作。
(5) 降低瑣碎的事務處理流程。
(6) 遇有品質問題，產線立即停止生產，沒有順利解決之前，不能重啟產線。

4. 人事組織的設計

(1) 將員工視為企業的資產。
(2) 訓練員工成為稱職的多能工，增加調度的彈性。
(3) 要求員工持續對生產現場的各個環節持續改善。
(4) 員工的具體改善能夠反應在績效及薪資福利上。

知識補充站

單元製造系統(Cellular Manufacturing System)
包括製造單元的應用，集合機器、人員、工具及物料搬運系統，以生產零件族的製造設施，常配合JIT、TQM或Lean Production的觀念和技術一起應用。

Unit 15-3
平準化負荷以及拉／推式系統比較

　　JIT系統特別強調穩定並平準化的每日生產日程表，為了達到這個目的，發展出生產平準化以平衡各個生產線或是產品的產能負荷。

範例

　　綠地公司每天需供應A、B、C、D四項產品，四項產品的每日生產數量如下，請以平準化負荷為原則，排定每日的生產。

產品	每日生產數量
A	6
B	18
C	12
D	4

【解答】

　　最小的每日生產數為4，但是以4來除其餘的每日生產數量得不到整數，可以設定生產週期為4，各產品的生產日程規劃如下：

　　(1) 產品A：每日生產數量6除以4，可得商數為1餘數為2，表示每個生產週期均需生產1個A，其餘2個A則可自由安排在其他週期。

　　(2) 產品B：每日生產數量18除以4，可得商數為4餘數為2，表示每個生產週期均需生產4個B，其餘2個B則可自由安排在其他週期。

　　(3) 產品C：每日生產數量12除以4，可得商數為3餘數為0，表示每個生產週期均需生產3個C。

　　(4) 產品D：每日生產數量4除以4，可得商數為1餘數為0，表示每個生產週期均需生產1個D。

　　修正後的生產日程表安排如下：

週期	1	2	3	4
型態	A(1)B(4) C(3)D(1)	A(1)B(4) C(3)D(1)	A(1)B(4) C(3)D(1)	A(1)B(4) C(3)D(1)
額外單位	A	B	A	B

括弧內代表生產數量

拉式系統與推式系統用來描述在生產過程啟動工作移動的兩種不同系統。JIT系統在生產現場大量使用看板系統來進行生產活動管制的手段，看板系統是屬於一種拉式系統(pull system)，在該系統裡，工作移動的控制權屬於下一站，每一工作站從前一站拉動所需要在製品，最後一站的產出則是因應顧客需求或日程安排總表而來的，因此，在拉式系統裡，工作是因應製程中下一階段的需求而移動的。

　　而MRP系統則是一種推式系統(push system)，最上游的工作站負責控制投料的節奏，當工作在某工作站完成時，產出就被推往下一站。在推式系統裡，工作完成後即被推往下一站，不用管下一站是否準備好。

拉式系統(JIT系統)與推式系統(MRP系統)之比較

功　　能	拉式系統(JIT系統)	推式系統(MRP系統)
1.應用場域	生產現場居多	生產管理部門居多
2.資訊管理模式	分權式的自主管理	集權式的計劃管理
3.改善動機	現場主動式的尋求改善	配合計劃變動進行調整與改善
4.產品生產進度與數量控管	看板系統及生產日程總表	主生產排程 (Master Production Scheduling；MPS)
5.物料需求	看板系統	物料需求計劃 (Material Requirement Planning；MRP)
6.產能需求	目視管理	產能需求計劃 (Capacity Requirement Planning；CRP)
7.產能計劃的執行	目視管理	產出與投入分析報告
8.執行物料計劃－自製部分	看板系統	工單及跟催
9.執行物料計劃－採購部分	看板系統與非正式訂購	供應商供貨進度及存貨記錄檔
10.資訊回饋	看板系統及指示燈	進度報告及檢討報告
11.特點	強調工業工程基本原則及現場整理整頓以及杜絕浪費	強調規劃、協調、採購，配合資訊系統及整體規劃進行調整

第 16 章
供應鏈管理

章節體系架構 ▼

Unit **16-1** 供應鏈管理的定義、架構及網狀結構圖

1. 供應鏈的定義

供應鏈(supply chain)是指一連串的供應商、製造商、批發商、零售商到客戶的流程，在此一流程中涵蓋了產品流、資訊流、整體物流和金流的交換，如右圖所示，美國管理專家David F. Ross對供應鏈所下的定義為：「供應鏈管理是持續的管理哲學；它試圖連結企業內部及外部結盟企業夥伴之集體產能與資源，使其成為一個具有高競爭力的系統，俾其得以集中力量去發展與創新，並使市場產品、服務與資訊同步化，進而創造獨一無二且個別化的顧客價值源頭。」

2. 供應鏈管理

供應鏈管理(Supply Chain Management；SCM)涵蓋上下游產業與協力廠商之間的往來，為確保流程的嚴謹，需制定一套完善的整合計劃，可參右頁圖所示，供應鏈管理涉及了實體物流、電子資料交換與配銷需求規劃等作業，現分述如下：

(1) 實體物流(physical logistics)：包括生產系統內原物料的搬運、移動、貨品及物料之裝載以及進出廠，除了原物料以外，其他的支援項目，如：氣體、燃料、設備備品、零配件、操作工具、搬運器具、辦公用品、包裝材料等，都必須納入整體規劃之中，以確保生產系統能夠順暢無虞。

(2) 電子資料交換(Electronic Data Interchange；EDI)：是指各個廠商和顧客之間可以大量運用電腦進行數位化的資料交換，現今的電子資料，不僅是文字和數字，舉凡相片和影音都屬於資料交換的範疇，電子資料交換具有許多優點，包括生產力的提升、減輕文書工作負荷、實現資訊管理、加快資料蒐集的速度、降低事務性工作並提高正確性。

(3) 配銷需求規劃(Distribution Requirements Planning；DRP)：是供應商庫存管理與產銷分配規劃的系統，它在多層次／多階的倉儲系統中被廣泛運用，管理者運用配銷需求規劃來計劃與協調運輸、倉儲、工人、設備與財務等流程。

3. 供應鏈網路

可分為三大區塊，在此可用供應鏈的網狀結構圖來表示，如右圖。

(1) 採購模組：指的是物料供應商與工廠之間的網絡。

(2) 製造及配銷模組：指的是工廠接收了上游的原物料，進到場內進行組裝及配銷，然後發貨至成品倉庫準備出貨。

(3) 庫存及配送模組：將成品從成品倉庫配送至顧客手上。

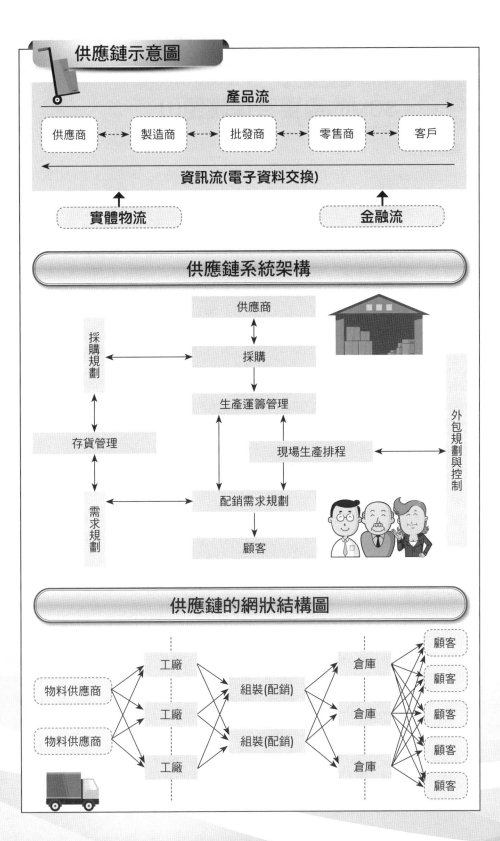

Unit 16-2
SCM的重要管理議題(1)

1. 長鞭效應

　　在供應鏈之中，由於整個產業鏈牽涉眾多的供應商、工廠以及下游的消費者，在這層層供應的體系中，各個階層的供應商為了快速回應顧客的需求，都必須加快供應的效率，如果再加上產品生命週期的變動甚至縮短，都會導致各層供應廠商庫存的擠壓及需求放大，如此一來，製造商就會生產過多的成品或半成品，且導致原物料的缺貨，每一階的供應商都會因為短期內無法取得所需的產品，加速或放大訂購的數量，當此一數量逐漸累積，最上游的供應商就會受到最大的壓力，此現象稱為長鞭效應(Bullwhip effect)，此效應形成的原因包括：

　　(1) 批次訂貨：供應體系使用批次的型態訂購，訂購之後，通常必須經過一段時間才能取得。

　　(2) 預期心理：廠商會有短缺的預期心態，當所訂的貨品沒能如期且如數的取得，就會有貨品短缺的心理，進而增加訂購量或是縮短訂購的頻率。

　　(3) 資訊傳遞的速度太慢：供應體系愈往上游，就愈難掌握末端消費的實際狀況，供應商憑藉著下游顧客的訂單進行生產排程和採購，但對於所生產的產品實際上是否被消費者買去了，往往不得而知。

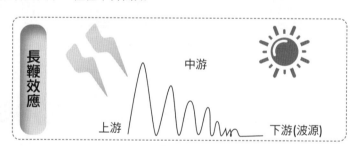

2. 取捨效應

　　在供應鏈中，為了達成某些目標，可能要對其他的目標做出選擇，這樣的選擇稱為取捨效應(trade-off)，包括：

　　(1) 選擇多樣少量，還是少樣多量：產品的種類和數量一直以來就是難以選擇的課題，然而近年來透過各項技術的精進，生產者莫不希望能達到所謂的大量客製化(mass customization)，在大量生產與客製化生產之間找到平衡。

　　(2) 選擇運輸費用，還是儲存費用：已完成的成品要先儲存在倉庫中，直到累積一定的數量再安排出貨，還是採用小批量的配送策略，這些不同的作法，都是在運輸費用和儲存費用之間做考量。

　　(3) 選擇服務水準，還是庫存成本：高服務水準可以隨時隨地滿足消費者的需求，但必須付出較高的庫存成本，這也是供應鏈管理常遇到的問題。

3. 越庫作業

越庫作業(cross-docking)是將數個不同供應商運來的產品，依據客戶不同的需求，在物流中心進行拆箱、分類、合併以及系統登載後，依客戶需求進行出貨，強調所有產品都不再進入物流中心所附屬的儲存空間，可以大幅節省貨品進出倉庫的各項費用與時間。

4. 外包作業

所謂外包作業(outsourcing)，即是由外部找尋適合採購或是服務的對象，公司之所以採行外包作業，有非常多不同的理由，最主要的理由不外乎是因為是外部企業所提供原料、零件或服務可能相對廠內較佳、較便宜或更有效率，公司在決定是否採行外包時，會考量下列各項因素：

(1) 自行製造與對外採購的成本分析與比較。
(2) 外包廠商能否提供穩定的供給。
(3) 利用外包來因應可能的季節變動。
(4) 自行製造與對外採購的品質差異。
(5) 自行製造與對外採購前置時間的差異。
(6) 外包商的技術是否穩定提升。

5. 供應商夥伴關係

現今企業莫不積極維繫其與供應商之間的良好關係，在過去，許多公司都會將供應商之間的往來定位成買賣關係甚至是敵對關係，但日系企業的作法卻大大的不同，許多日本公司的效益來自於優良的供應商關係，包括供應商可快速提供服務，再者供應商往往能協助釐清品質或生產問題，並提供建議一起解決問題，僅僅用價格來選擇或更換供應商，在現今的管理模式下，並非明智之舉。

夥伴與敵對的供應商

層面	將供應商視為夥伴	將供應商視為敵對
供應商數量	一家或少數幾家	許多供應商
關係	長期維繫	價格導向
價格低廉	僅為眾多考量之一	極為重要
產品或服務之可靠性	要求較高	要求較低
品質	供應商確保品質	買方需自行檢驗
訂貨數量	較多	較少
交貨頻率	較高	較低
供應商地點	鄰近地區，強調縮短交貨前置時間與服務效率提升	無所謂
彈性	相當高	相當低

Unit 16-3
SCM的重要管理議題(II)

1. 及時採購

　　企業採用JIT(拉式系統)來進行生產製造已經行之有年了，對於小批量以及零庫存的管理哲學也都瞭解，在供應鏈管理方面採用JIT的哲學，將使採購業務更為簡易可行，將供應商視為夥伴，僅向較少的供應商進行採購，強調合作精神多於價格低廉，鼓勵供應商至公司鄰近地區設置生產線，以便能就近供應，這麼做能夠使採購活動更加簡單並節省成本，以此維繫彼此長期合作的關係，要達成此一目標，供應商供貨的品質、準時交貨與小批量是重要的關鍵因素。

2. 賣方／供應商管理存貨(VMI)

　　VMI(Vendor Manage Inventory)是一種庫存管理方案，下游消費者將銷貨及存貨資訊傳遞給上游供應商，讓上游的供應商得以掌握銷售資料和庫存量，如果供應鏈上的成員都能採取此一作法，所獲知的資訊將可作為市場需求預測和庫存補貨的依據，供應商也可以更有效的進行產銷規劃，以便能更快速的反應市場變化和消費者的需求，VMI可作為降低庫存量、改善庫存周轉率，進而維持最佳庫存水準的工具，藉由供應商、零售商和批發商之間的資訊分享，供應鏈上所有的成員均可藉以改善預測準確度、補貨規劃、促銷規劃和配銷計劃等。

3. 第三方物流、第四方物流

　　第三方物流(Third Party Logistics；簡稱3PL或TPL)，相對於第一方發貨者和第二方收貨人，第三方物流不屬於第一方，也不屬於第二方，而是透過與第一方和第二方的合作，來提供其專業化的物流服務，3PL業者一般不擁有實體的商品，也不參與商品的買賣，只是在物流配送過程中，提供客戶專業的物流服務，向客戶提供整體化、系統化、個別化以及資訊化的全部或部分物流服務，也因此第三方物流亦可稱為合約物流或委外物流。

　　第四方物流(Fouth Party Logistics；簡稱4PL或FPL)，即為物流業中的物流業，其營運的主要專業在於實體物流的高度整合，舉凡倉庫、轉運站、物流中心、倉儲設備、專運貨車、資訊整合系統等，均以提供更專業且更有效率的物流解決方案為其主要營運核心技術，專注並善用資訊科技力量進行物流資源整合之規劃、執行與控管，累積與運用整合經驗與知識資產，為顧客創造更高價值。

4. 效率式供應鏈與回應式供應鏈

　　(1) 效率式供應鏈(efficiency supply chain)：藉由存貨和產能，快速地回應市場之需求，並避免需求不確定所產生的短缺風險，可用「推式」的供應鏈來描述之。

　　(2) 回應式供應鏈(responsive supply chain)：因應需求的變化，進而協調生產

以及服務的供給，不僅能減少庫存，並使供應鏈裡的廠商和服務供應者的效率最大化，可用「拉式」的供應鏈來描述之。

決定供應鏈是「效率式」或者是「回應式」主要的關鍵因素，在於該供應鏈因應目標市場需求的不確定性處理方式不同，或以存貨或滿足客製化需求的方式來因應之，以量販店與便利商店所銷售的一般日用品或是加油站為例，顧客認為這些日用品或汽油應以存貨的方式供應，這些產品不僅具標準化且生命週期長，存貨可以滿足這樣的市場需求，推式供應鏈要達成最低成本的效率目標，具備一定的經濟規模，當然是有利的先決條件，輔助規劃這部分供應鏈的電腦系統，包括MRP、MRPII、DRP、MPS等，上述所稱之模式以及產品類型，基本上多屬於效率式的推式供應鏈。

推式供應鏈與拉式供應鏈各有優點，不同產業因產品與市場之不同，需以不同型態的供應鏈因應之，甚至同一家公司的不同產品線，也應如此，以網路書店為例，暢銷書可採持有庫存的方式處理，接單後立即配送的推式供應；而冷門書籍，則是接單後再向出版社訂貨的供應。此外，在產品新上市的階段，通常採用推式供應鏈的模式把現貨盡量推近顧客，避免缺貨造成顧客抱怨，但是當產品生命進入衰退期時，供應鏈就要逐步拉回。不過，現在有部分電子產品操作所謂的「飢餓行銷」，卻是反其道而行，在產品新上市的階段，不會讓顧客很快地拿到所訂購的商品，但是這樣的操作方式必須建立在該產品具有足夠的吸引力。至於如何整合推與拉，追求供應鏈在效率與回應的最佳績效與組合，大概是供應鏈管理無止境追求的終極目標，以下將就幾個項目來比較上述兩種供應鏈的差異和不同點：

比較項目	效率式供應鏈 (efficiency supply chain)	回應式供應鏈 (responsive supply chain)
(1)需求	滿足存貨式的需求為重	滿足訂單式的需求為重
(2)競爭優勢	「推」的優點可以有計劃地為一個市場預測量提供最低的平均成本以及最有效率的產出，並可利用存貨的立即提供，創造利潤	「拉」的優點在於其具有為顧客提供量身訂製的產品與服務
(3)新產品導入	在新產品導入之初，效率型的推式供應鏈需同時掌握成本低以及預測準確兩項要素，才能超越競爭對手	當產品生命週期短，終端成品的型式複雜，末端市場需求的不確定性高時，拉式供應鏈非常重要，較適用於產品成熟或衰退期
(4)產品多樣性	存貨式生產會犧牲掉部分的產品多樣性	產品多樣性較高，但無法應付立即性的需求
(5)缺點	當市場需求不如預期，存貨愈多，造成呆料或虧損的風險就愈大	回應客製化需求的成本較高
(6)產品型態	功能性的產品(需求較大且穩定)，民生用品或需求穩定之商品	創新性產品(需求不確定且不穩定)、新開發產品或訂式生產之產品

第 17 章

品質管制與
全面品質管理

章節體系架構 ▼

Unit **17-1**
品質管理大師重要概念簡介

1. 戴明(W. Edwards Deming)

日本人視他為「品質之神」，他所提倡的品質管理，影響了許多的學術界以及企業界，以下將說明戴明的品質管理十四項原則：

(1) 創建一致性的目標，以便能改善產品或服務，使公司更具競爭力。

(2) 採取新的經營哲學，不再因循苟且。

(3) 除去採用大量檢驗以提升品質的方式，改以統計方法來進行製程管制與改善。

(4) 不再一味地以價格取勝，應減少供應商數量並與之建立共同合作的夥伴關係。

(5) 持續且不斷地發掘問題並改進生產與服務系統。

(6) 貫徹在職訓練。

(7) 領導的責任應從重視數量轉向重視品質，先要求品質再提升產量。

(8) 使員工沒有疑慮，能夠勇敢的正視品質問題。

(9) 消除功能部門之間的障礙與藩籬，舉凡開發、設計、銷售與生產等部門必須一起合作，共同解決品質及生產的問題。

(10) 不再給予員工過多的口號、目標或標語。

(11) 消除量化指標的工作標準並減少以數字為管理目標。

(12) 排除員工追求工作榮譽的障礙。

(13) 實施活潑有效的教育訓練計劃。

(14) 建立一套結構性方法，使高階管理者能夠協助推動上述十三項原則。

2. 裘蘭(Joseph M. Juran)

裘蘭將「良好品質」和「適合顧客使用」一詞劃上等號。他也認為80%的品質不良是管理上可控制的，管理階層有責任糾正效率不良的情形，他以三部曲來說明品質管理，此三部曲為品質規劃、品質管制與品質改進。品質規劃的目的在於建立符合品質標準的製程；品質管制的目的在於瞭解什麼時候需要採取改正措施；而品質改進的目的則在尋找更好的做事方法，其中又以品質改善最為重要，藉此他又提出了品質改善的十大步驟，說明如下：

(1) 建立改善需要的意識和改進機會。

(2) 設定改善目標。

(3) 將人員編組起來，致力於目標之達成。

(4) 提供可遍及組織機構的訓練。

(5) 實施改善方案，解決品質問題。

(6) 報告品質改善方案的進度。

(7) 確認品質改善的成果。

(8) 與他人溝通改善結果。

圖解生產與作業管理

(9) 持續對品質進行評分。

(10) 將品質改善納入制度，漸進式的持續進步，以維持企業品質改善的動能。

3. 石川馨

日本品管專家石川馨對於品質管理貢獻卓著，其中又以特性要因圖(或稱魚骨圖)最廣為熟知，特性要因圖可用來分析問題的成因或者尋找解決問題的方法，在執行品管圈或是六標準差時，特性要因圖都是不可或缺的工具之一。

提出品質圈將工人納入品質改進之中，也是他的另一項貢獻，石川馨也是第一個提出內部顧客(internal customers)的專家。所謂內部顧客，係指製程的下一站作業員或是下一個工作流程的同事，每個階段都要盡力滿足下一階內部顧客的需求，共同達到企業的營運目標。

4. 費根堡(Armand Feigenbaum)

費根堡認為品質應該在顧客所要求條件下，提供最好的產品或服務，品質管理的觀念與作法不應該只侷限在生產部門，亦即公司內所有部門都應該具備品質概念；人事部門招募合格的員工、採購部門購買價格和品質合宜的原物料、財務部門為企業提供良善的財務規劃，所有部門都必須具備品質的概念。費根堡品質管制哲學說明如下：

(1) 企業推動全面品質管制使之成為組織內整合品質發展與改進活動的系統，可讓製造、人事、行銷與財務發揮最佳水準，進而達到顧客滿意。

(2) 品質管制之「管制」應該涵蓋下列事項：①品質標準的設定；②績效的鑑定；③改正措施的實施；④制定改善計劃標準。

(3) 影響品質的原因，包括技術因素和人為因素，其中人為因素所占比重較高。

(4) 應從源頭做好品質的管制。

(5) 品質成本可分成下列四大類：①預防成本；②鑑定成本；③內部失敗成本和；④外部失敗成本，下表為四項品質成本的說明。

品質成本表

項　目	說　　明	示　　例
內部失敗成本	有缺陷的產品或品質不佳的服務，在未送達顧客之前所涉及的成本	重新加工成本、物料與產品損失、半成品報廢或生產線停工
外部失敗成本	有缺陷的產品或品質不佳的服務，送給顧客之後所發生的成本	客訴電話、產品被退回、補寄貨物、企業的商譽損失、保險賠償、罰款
鑑定成本	原料、零件、產品與服務實施品質量測、評估或稽核所衍生的成本	購置檢驗設備和實驗、聘僱人員進行測試
預防成本	預防品質發生問題所涉及的成本	品質改善活動、品質教育訓練、數據蒐集與分析以及實驗設計成本

5. 田口玄一

田口玄一是以品質損失函數、信號雜音比和直交表馳名，這些概念被廣泛應用在品質管理的實驗設計中，依據經驗，工程師利用田口方法執行矩陣實驗，並且應用其結果進行改善，其成功的機率比應用傳統的實驗設計還要高，這是田口博士的最大貢獻。品質損失是指企業由於產品的品質問題所導致的內、外部損失，品質損失可以區分為有形的損失和無形的損失，有形損失是指因內部各項活動的故障或失效而直接產生的費用，如重工、低設備使用率等。無形損失是顧客不滿意而發生的銷售損失或是商譽損失。

6. 柯羅斯比(Philip Crosby)

1960年，柯羅斯比提出了零缺點的概念，並提倡「第一次就要做好」反對「一定會有某種程度瑕疵」的觀念，他強調預防的重要。1970年代，其大作《品質是免費的》指出，不良品質的成本比一般所認知的還高出許多，企業必須瞭解不良品質的成本相當高昂，因此不該將品質的改進視為額外的成本支出，而是把品質改善視為降低成本，因為品質改善所獲致的效益，往往高於所付出的成本許多。1984年，他的另一本著作《不流淚的品管》，提出五個企業常見的品質問題，包括：品質不一致、重工的陋習、容許失誤存在、未能察覺品質不合需求、不肯正視問題的根源。

柯羅斯比也提出了品質十四項步驟(Crosby's 14 Steps)作為企業推行零缺點活動的依據，說明如下：

(1) 管理階層的承諾(management commitment)。

(2) 品質改善團隊(quality improvement team)。

(3) 品質衡量與標準(quality measurement)。

(4) 品質評估所衍生的成本(cost of quality evaluation)。

(5) 品質危機意識(quality awareness)。

(6) 正確的改善活動(corrective action)。

(7) 以審慎的態度來建構「零缺點」實施方案(establish an ad hoc committee for the zero defects program)。

(8) 員工教育訓練(supervisor training)。

(9) 舉行「零缺點」日(zero defects day)。

(10) 目標設定(goal setting)。

(11) 消除錯誤的成因(error cause removal)。

(12) 選出品質改善標竿，給予具意義的獎勵(recognition)。

(13) 設立品質委員會(quality councils)。

(14) 透過觀察、參與、學習並反覆施行(do it over again)。

品質管理大師年表

1900 戴明
組織之中所有人都應持續降低成本及提升客戶滿意度

1904 裘蘭
品質三部曲依序為品質規劃、品質管制及品質改進

1915 石川馨
品質是人們願意花錢去購買某一產品或服務，並在事後對其感到滿意

1920 費根堡
品質是在顧客要求之條件下，提供最好的產品或服務。

1924 田口玄一
提出了品質損失之觀念來衡量產品品質

1926 柯羅斯比
零缺點的概念，強調「第一次就要做好」

Unit **17-2**
品質管制方法——管制圖

　　管制圖大致分成兩種類型：一種為計數值管制圖(control charts for attributes)，另一種為計量值管制圖(control charts for variables)，說明如下：

1. 計數值管制圖

　　所謂的計數值是指產品的缺點數、不良的零件數或鋼板上的刮傷數等，計數值管制圖可分為兩種，一種為樣本不良率管制圖，可稱為 p 管制圖(p chart)，另一種為缺點數管制圖，又稱為 c 管制圖(c chart)，使用狀況分別說明如下：

　　(1) 樣本不良率管制圖(p 管制圖)： 若製程之不合格率 p 或其目標值 p_0 已知。

$$CL = p_0 \text{；管制上限}(UCL) = p_0 + 3\sqrt{\frac{p_0(1-p_0)}{n}} \text{；管制下限}(LCL) = p_0 - 3\sqrt{\frac{p_0(1-p_0)}{n}}$$

範例

　　某公司生產液晶面板，7月份共蒐集到45組樣本，樣本平均不良率為1.16%，不良率標準差為0.435%，以此計算p管制圖之管制上下界限：

$$UCL = p_0 + 3\sqrt{\frac{p_0(1-p_0)}{n}} = 1.16\% + 3(0.435\%) = 2.465\%$$

$$LCL = p_0 - 3\sqrt{\frac{p_0(1-p_0)}{n}} = 1.16\% - 3(0.435\%) = -0.14\% < 0 \ (LCL = 0)$$

　　(2) 缺點數管制圖(c管制圖)： 若製程之平均缺點數 c 或目標值 c_0 已知。

$$CL = c_0 \text{；管制上限}(UCL) = c_0 + 3\sqrt{c_0} \text{；管制下限}(LCL) = c_0 - 3\sqrt{c_0}$$

範例

　　某公司的客服過去12個月的客訴共214件，請計算c管制圖之管制上下界限：

$c_0 = 214/12 = 17.83$

管制上限$(UCL) = c_0 + 3\sqrt{c_0} = 17.83 + 3\sqrt{17.83} = 30.5$

管制下限$(LCL) = c_0 - 3\sqrt{c_0} = 17.83 - 3\sqrt{17.83} = 5.16$

2. 計量值管制圖

　　計量值管制圖最常使用的是平均數管制圖和全距管制圖

　　(1) 平均數管制圖(mean control charts)： 主要用於監控製程之集中趨勢，通常稱之為 $\bar{x}$ 管制圖，倘若製程標準差(σ)未知且其合理的估計值是可用的，則可使用下

列的公式計算管制界限：

$$CL = \overline{\overline{x}} \text{；管制上限}(UCL) = \overline{\overline{x}} + z\sigma_{\overline{x}} \text{；管制下限}(LCL) = \overline{\overline{x}} - z\sigma_{\overline{x}}$$

其中 $\sigma_{\overline{x}} = \sigma/\sqrt{n}$，$\sigma_{\overline{x}} =$ 樣本平均數分配之標準差，$\sigma =$ 製程標準差，

$n =$ 樣本大小，$z =$ 標準常態偏差，$\overline{\overline{x}} =$ 樣本平均數的平均數。

範例

全勝公司的品管員觀測五個樣本組之螺絲長度，每個樣組均由四個樣本所組成，已知螺絲的標準差為0.02公分，請以此計算 $\overline{x}$ 管制圖之管制上下界限。

觀察值 ＼ 樣本組	1	2	3	4	5
1	10.11	10.15	10.09	10.12	10.09
2	10.10	10.12	10.09	10.10	10.14
3	10.11	10.10	10.11	10.08	10.13
4	10.08	10.11	10.15	10.10	10.12
平均數	10.10	10.12	10.11	10.10	10.12

【解答】

$$\overline{\overline{x}} = \frac{10.10 + 10.12 + 10.11 + 10.10 + 10.12}{5} = 10.11 \text{，可得管制上下限為：}$$

$$\text{管制上限}(UCL) = 10.11 + 3\left(\frac{0.02}{\sqrt{4}}\right) = 10.14$$

$$\text{管制下限}(LCL) = 10.11 - 3\left(\frac{0.02}{\sqrt{4}}\right) = 10.08$$

(2) 全距管制圖(range control charts)：主要用於監控製程變異性或是離中趨勢 (dispersion)，可透過下列公式求得全距管制圖之管制界限。

管制上限 $(UCL_R) = D_4\overline{R}$；管制下限 $(LCL_R) = D_3\overline{R}$，$D_3$ 與 D_4 查表可得。

範例

從罐頭產品的生產線上抽取25組樣本，每組樣本十個觀測值，已知樣本重量全距平均數為0.01公斤，請算出樣本全距管制圖之管制上限與管制下限。

【解答】

$\overline{R} = 0.01$ 公斤，$n = 10$

在 $n = 10$ 下，查表得 $D_4 = 1.78$ 與 $D_3 = 0.22$

管制上限 $(UCL_R) = 1.78(0.01) = 0.0178$ 公斤；

管制下限 $(LCL_R) = 0.22(0.01) = 0.0022$ 公斤。

Unit 17-3
全面品質管理及PDCA管理循環

1. 全面品質管理

所謂全面品質管理(Total Quality Management；TQM)，是指組織機構內每一個人和每一個部門都能秉持品質至上的正確概念，持續不斷地進行工作所涉範圍內的品質改進，持續達成顧客滿意的一種管理哲學，TQM應該要做到察覺顧客的需求；設計、生產或提供符合顧客需求的產品或服務；妥善規劃生產流程，讓員工不容易出錯以提高產品或服務的品質、記錄良率或是顧客的意見，並將之反應至生產線持續改善；將全面品質的概念深化到每一位同仁、供應商及協力廠商，TQM所強調的還有以下幾點：

(1) 持續改進(continuous improvement)：企業應以永續經營為目標，不斷地改進與品質相關的所有事物，舉凡設備、加工方法、原物料、財務、行銷與人事管理都應具備持續改善的精神。

(2) 團隊方法(team work)：用團隊的方式來進行問題的改善，讓同仁們瞭解彼此的處境，一同合作，共享改善之成就感與價值。

(3) 標竿學習(benchmarking)：以做得最好的部門或公司作為學習的標竿，他山之石可以攻錯，學習他人長處，改進自己的短處。

(4) 充分賦權(empowerment)：賦予員工改進的權力與責任，使之在較無壓力的情況下，也能驅策自己達成所設定的目標。

(5) 以數據做決策，而非觀念或經驗：加強數據的蒐集和分析能力，作為決策之基礎。

(6) 提供教育訓練：讓員工及管理者都知道如何善用品質改進工具。

(7) 全面品質管理強調源頭管理：因此，供應商也應該納入品質保證與品質改進的環節之中。

過於盲目地追求全面品質管理，也可能會有其他的副作用，過度熱心推動TQM可能會將焦點都集中在品質上，而忽略了可能有其他重要的因素；TQM的推行必須和公司的發展策略一致，並且能與顧客共創價值；品質的決策必須與市場績效相互結合，在執行任何方案之前，都必須經過縝密的規劃，否則會導致錯誤的開始，造成員工士氣的低落，甚至是沒有任何成果。

2. PDCA管理循環

PDCA(Plan-Do-Check-Act；計劃－實施－確認－行動)循環，有人稱之為休華特循環(Shewhart cycle)或是戴明循環(Deming cycle)，說明如下：

(1) 計劃(Plan)：規劃所欲解決的品質問題，蒐集相關數據進行分析，辨認問題所在，提出解決問題的多個可能方案。

(2) 實施(Do)：倘若可能，可以從多個可能的解決方案中，挑選較具可行性且影響不大的方式開始實施改善計劃，在實施階段，任何變動都應該有文字和數字，甚至是相片或影片的記錄，方便日後進行追蹤的文件證明。

(3) 確認(Check)：在實施階段結束後，進行改善措施導入後之資料蒐集，以便瞭解結果與計劃的原始目的是否一致。

(4) 行動(Act)：如果改善的成果是成功的，則應將新的實施方法予以標準化，並將此新方法實施後所有可能影響的活動和人員都提出來，並對所有人員溝通並說明新的標準作業方式，如果結果並不成功，則應修改解決方案，回到實施階段或者經過評估後停止此項改善計劃。

一家企業應具備品質意識、問題意識、危機意識、改善意識，尋求自身工作的改善方法，在管理上應用統計技術的方法和觀念，在全員努力之下來滿足顧客的要求，在品質活動中所採用的統計方法，有所謂的「品管七大手法」，這也是實施PDCA不可或缺的七個基本品質工具，說明如下：

(1) 特性要因圖：特性要因圖又稱魚骨圖，用來尋找問題發生的原因。

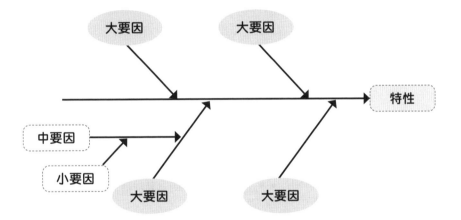

(2) 柏拉圖：柏拉圖分析圖是依各項目發生次數多寡排列的圖形。

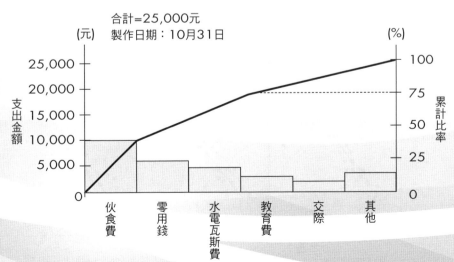

(3) 檢核表：檢核表是數據分組與蒐集的工具。

類別	項目	查驗	類別	項目	查驗
旅行文件	護照		藥品	應急藥品	
	機票			防蚊液	
	行程手冊		外出用品	照相機	
旅費	信用卡			底片	
	外幣			太陽眼鏡	
衣物	禦寒外套			雨傘、遮陽帽	
	外衣褲			手電筒	
	內衣褲		其他	親友電話	
盥洗用品	牙刷、牙膏			筆	
	保養品			計算機	

(4) 層別圖：對觀察到的現象或所蒐集到的數據，按照它們共同的特徵加以分類、統計的一種分析方法。

範例：柳橙汁工廠的產量——層別法應用

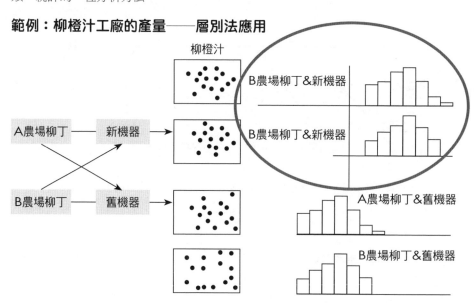

(5) 散布圖：散布圖表示兩變數間方向與程度的關係。

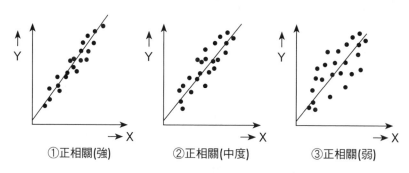

①正相關(強)　　　②正相關(中度)　　　③正相關(弱)

278

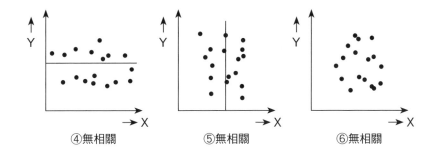

④無相關　　　　　⑤無相關　　　　　⑥無相關

(6) 直方圖：直方圖表示經驗的次數分配。

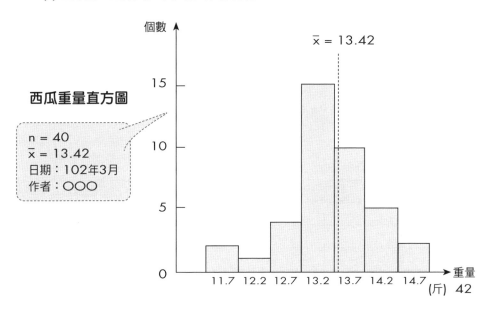

西瓜重量直方圖

n = 40
$\bar{x}$ = 13.42
日期：102年3月
作者：○○○

$\bar{x}$ = 13.42

個數

15

10

5

0

11.7　12.2　12.7　13.2　13.7　14.2　14.7　重量
(斤) 42

(7) 管制圖：管制圖是樣本統計量(樣本平均數)時間數列的統計圖。

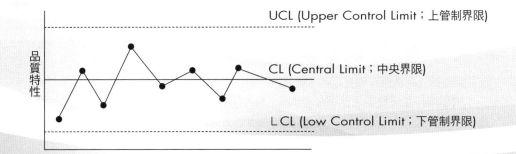

UCL (Upper Control Limit；上管制界限)

CL (Central Limit；中央界限)

LCL (Low Control Limit；下管制界限)

品質特性

Unit 17-4
六標準差及DMAIC循環

1. 六標準差的起源與定義

　　六標準差(6 Sigma)是一套可用於流程改善的工具與程序，是企業運用管理的手法提升品質、效率以及競爭力重要的商業管理手法之一。六標準差是1986年由摩托羅拉公司創立，後來在美國奇異公司執行長傑克・威爾許(Jack Welch)的實施及大力推廣，逐漸廣為人知，六標準差不僅在1995年成為美國奇異公司的核心管理思想，到今天，六標準差這項管理工具逐漸被許多的企業學習效法，並且廣泛應用在許多行業中。

　　六標準差採取嚴謹的步驟，從確認問題開始，逐步地改善問題，以提高顧客所關心的品質問題並且要能達成具體的財務目標，其目的在於降低商業流程中的變異，強調善用以往的品質管理工具以及新穎的統計方法，為了活動的推行，更設計一套推行架構，將組織內人員分為綠帶、黑帶、大黑帶以及盟主等不同的身分角色。

　　在統計學定義而言，六標準差是指在完美情況下，每10億個量測值中，其缺點只有2個機會，亦即2PPB(Part Per Billon)，也就是良品率有99.999660%，也就是每百萬操作中，僅有3.4次錯誤。

六標準差的績效層級表

標準差的層級	每百萬次的誤差	百分比(%)
6	3.4	99.999660
5	233	99.97670
4	6210	99.3790
3	66810	93.32
2	308700	69.13
1	697700	30.23

2. 六標準差在管理上的意義

　　六標準差需要積極的高階或是資深管理階層的領導，它是一個良好的結構化問題解決步驟(包含有效的專案團隊組成與訓練)，並且專注於實質的財務效果，其成功的關鍵因素在於一開始高階管理階層的領導與承諾，專注在達成企業的目標，產品或服務的關鍵品質特性應首先被定義，接著使用解決問題的工具來完成策略性企業成果。

　　六標準差是一種從上而下(top-down)的管理方式，由公司的執行長(CEO)來領導執行，六標準差經常是由盟主(Champion)、黑帶大師(Master Black Belt；MBB)、黑帶(Black Belt；BB)及綠帶(Green Belt；GB)組織而成。

　　(1) 盟主是由組織的高階經理人員中指派人選而產生的，他們肩負六標準差實施

的成敗責任。

(2) 黑帶大師負責特定區域的工作，他們需設定品質目標，選擇適當專案、監督並訓練黑帶人員，黑帶大師被期許負有更多管理方面的角色與對工具方法有更深入的瞭解，有時候黑帶大師也被視為是公司內部的品質顧問。

(3) 黑帶則扮演專案小組召集人全職身分，以領導團隊之執行(步驟DMAIC)、著重關鍵流程改善並指導綠帶，為主要職責。

(4) 綠帶則是專案小組召集人，多由中階經理兼任，並以本身的業務範圍作為專案的改善目標。

六標準差的執行層級表

成員	盟主	黑帶大師	黑帶	綠帶
角色	積極領導	經驗分享	全力領導	主動參與
任務	・選定專案 ・監督進度 ・確保績效 ・提供資源	・指導黑帶 ・分享經驗 ・改善專案 ・排除障礙	・主導專案 ・整合分工 ・運用手法 ・突破瓶頸	・主動參與 ・蒐集資料 ・集體經驗 ・群策群力

3. 六個標準差在實務上的意義

(1) 對流程或產品績效的統計衡量。

(2) 達成近乎完美績效改善的目標。

(3) 追求最小變異的經營思維。

(4) 追求長遠的企業領導地位和世界級的績效管理系統。

4. 六標準差的核心循環DMAIC

六標準差運用一種有紀律的節奏方法，DMAIC(Define、Measure、Analyze、Improve、Control)來減少不良(或錯誤)，目標是希望把缺點降到3.4個PPM，DMAIC的實施需要許多方法和統計工具，雖然六標準差的觀念和工具並不是很新，但它在執行面及策略面確實有獨到之處，例如：它是一個高度重視資料數據的方法，因而導致成功。

(1) 界定(Define)：明確界定所要解決的問題。

在進行專案活動之前，必須明確地瞭解所欲改善的問題究竟為何？以及這個改善活動是為了什麼而必須做出改變的，這個步驟讓組織以及團隊成功地瞄準問題之所在，團隊必須提出這類問題，使得改善的目標能更為明確，例如：為什麼要解決這個特別的問題？顧客的需求和標準是什麼？以往的標準作業流程是什麼？

(2) 衡量(Measure)：蒐集並整理數據，為量化分析做好準備。

衡量是六標準差管理的基礎，通過衡量可以蒐集製程或是所要改善對象的各項數據，使用量測工具才使統計技術與方法的應用成為可能，藉此獲取真實、準確且可靠的數據。

(3) 分析(Analyze)：分析是運用多種統計技術方法找出存在問題的根本原因

常用的統計分析工具，包括直方圖、魚骨圖、直方圖、親和圖等統計圖表，實驗設計或是多變量分析也可以用來作為分析的工具，確認哪一個原因是影響結果的主要項目。

(4) 改進(Improve)：改進是確定影響結果的主要原因有哪些？並且尋求原因和結果之間的關係。

改進是實現目標的關鍵步驟，用統計方法找到了要改進的環節和方案之後，重要的是去實施它，此步驟的困難在於改變可能會與企業長期以往的習慣有所不同，藉由資料模型所建立的統計迴歸模型，可以進行預測和控制，使公司的財務目標和顧客滿意度達到最大。

(5) 控制(Control)：控制則是要將主要變數的偏差，控制在許可範圍。

沒有制定新的標準工作流程，就談不上控制，後續就是要如何避免回到舊有的習慣和流程，才是控制的主要目的。

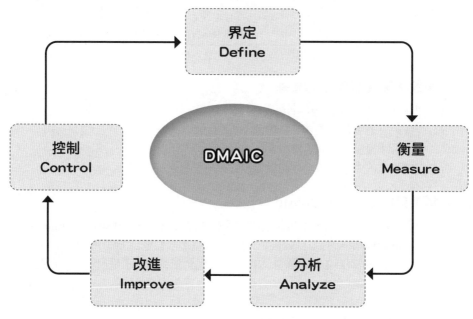

【 DMAIC循環圖 】

第 18 章

顧客關係管理與資料探勘技術

章節體系架構 ▼

Unit 18-1
顧客關係管理之定義及其與ERP系統之關聯

1. 顧客關係管理之之定義

近年來，顧客關係管理(Customer Relationship Management；CRM)一詞被廣泛地提出，也廣被企業所接受並採行之，許多軟體公司或企業為此也開發出相應的軟體，是繼企業資源規劃(Enterprise Resource Planning；ERP)及供應鏈管理(Supply Chain Management；SCM)之後，另一波的新趨勢。

隨著時代的演進，企業與顧客之間的關係也不斷地改變著，網際網路的發達使得彼此間的互動更為頻繁，廠商莫不希望能夠直接取得顧客的意見和建議，並儘速有所因應，所有和顧客相關的議題都被納入CRM之內，形成了一股風潮。

一般而言，企業可以將顧客區分為「內部顧客」與「外部顧客」：

• 「內部顧客」就是在公司內部日常工作事務上有所接觸的同事，可能是同部門也可能是不同部門的同事，生產線的上下游彼此也都是供應商與內部顧客之間的關係，這些都是公司內部上下游之間的關係。

• 而「外部顧客」就是指那些向公司購買產品或是接受公司服務的客戶，如同供應商對我們或者是我們對於顧客的關係。

所謂顧客關係管理就是指管理企業與顧客之間的關係。企業透過搜集顧客的資料加以分析整理，希望可以區分出哪些顧客是有助於公司的收益，值得進一步投資；哪些顧客可以歸屬於潛在的顧客群，雖然目前尚無任何交易發生，但卻是未來值得開發的對象，藉由瞭解顧客資訊，重視他們的需求之後，即可根據這些資訊，對客戶做一對一的行銷，讓顧客覺得自己受到重視，是個特別的人，要進行顧客關係管理之前，必須先蒐集顧客的資料，然後再由資料庫中，分析彙整出重要的顧客資訊，因此在CRM中，「資料倉儲」和「資料探勘」扮演著非常重要的角色。

(1) 資料倉儲

資料倉儲(data warehousing)並不是資料庫，或許你可以稱之為「知識庫」。想像一下，有一間沒人管理的圖書館，裡面的書都沒經過整理，全都亂堆亂放，若是想在裡面找到所需的資料，可得花上好大一筆功夫。若是這間圖書館請了一個管理人員，他將所有的書分門別類，每本書都有編號，且書名、作者、出版社等資訊全輸入系統，這樣找起資料來，是不是很方便呢？如果將沒人管理的圖書館視為資料庫的話，那麼加入了資料倉儲技術的資料庫，就是有人管理的圖書館，也就是知識庫。資料倉儲技術就像是一條經驗累積的法則，管理者利用這些法則，將資料庫中的資料一一地分門別類，歸納成對使用者有意義的資訊，可提供方便又快速地查詢。

(2) 資料探勘

　　資料探勘(data mining)技術就是一種可以從資料中尋找出共通模式，將各筆記錄加以群集、分門別類的技術，利用它可以從一堆看似無意義的資料中發現其規則或法則，資料探勘可包含下列五項功能：

　　①分類(classification)：按照分析對象的屬性，分門別類加以定義，建立類組(class)。例如：將信用申請者的風險屬性，區分為高度風險申請者、中度風險申請者及低度風險申請者。使用的技巧有決策樹(decision tree)，記憶基礎推理(memory-based reasoning)等。

　　②推估(estimation)：根據既有連續性數值之相關屬性資料，以獲致某一屬性未知之值。例如：按照信用申請者之教育程度、行為別來推估其信用卡消費量。使用的技巧包括統計方法上之相關分析、迴歸分析及類神經網路方法。

　　③預測(prediction)：根據對象屬性之過去觀察值來推估該屬性未來之值。例如：由顧客過去之刷卡消費量預測其未來之刷卡消費量。使用的技巧包括迴歸分析、時間數列分析及類神經網路方法。

　　④關聯規則(association rules)：從所有物件決定哪些相關物件應該放在一起。例如：超市中相關之盥洗用品(牙刷、牙膏、牙線)，放在同一貨架上。在客戶行銷系統上，此種功能係用來確認交叉銷售(cross selling)的機會，以設計出吸引人的產品群組。

　　⑤分組(clustering)：將異質母體中區隔為較具同質性之群組(clusters)。同質分組相當於行銷術語中的區隔化(segmentation)，但是，假定事先未對於區隔加以定義，而資料中自然產生區隔。使用的技巧包括k-means法及agglomeration法。

2. CRM與ERP系統之關聯

　　顧客關係管理(CRM)與企業資源規劃(ERP)具有相輔相成的關聯性。CRM是為了增進與顧客之間的關係，滿足顧客的需求乃是首要任務；而ERP是為了使公司內部的運作能更為精確、迅速，能夠快速應變，掌握先機，因此兩者的目的相同，都是要達成顧客滿意的目標，但作法上有所不同，以下將探討和這兩個觀念都有關聯的作業項目，它們是預測、銷售支援、訂單產生及訂單輸入。CRM系統與ERP系統的關聯如下頁圖所示，透過這些資料的交換、分析與整合，顧客可以查詢訂單執行的狀況，企業也可以瞭解顧客的購買記錄和習慣，而這些資料都值得進一步分析，讓價值再提升。

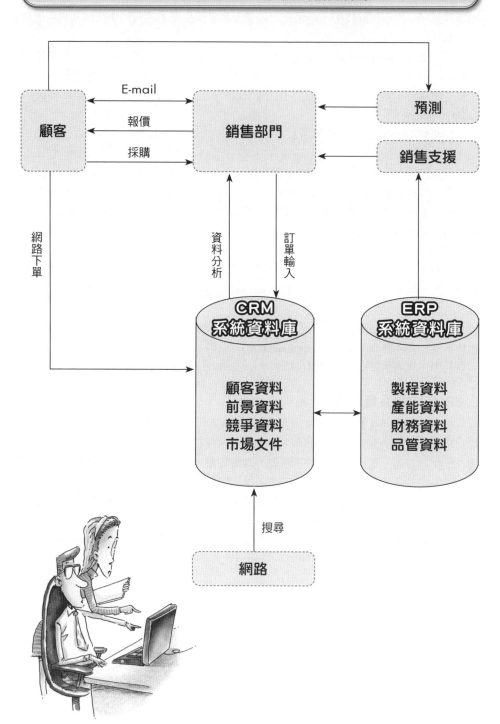

CRM系統與ERP系統的關聯圖

Unit 18-2
CRM與新型態行銷技術之整合

新型態行銷技術希望能與顧客持續長期且良好的交易關係，而不只是重視短期的銷售量增加及獲利率提高而已，以下將分別介紹新型態的行銷技術，再討論到顧客關係管理與新行銷技術之整合問題。

1. 一對一行銷

所謂一對一行銷(one to one marketing)，就是針對不同的顧客，依據其習慣或是特性，提供不同的、適合他的銷售資訊，使其在購買時，能更為容易與方便。就像社區中的小雜貨店一樣，雜貨店的老闆總是知道你是哪一家的小孩、叫什麼名字，瞭解你家的情況，對於你的需求也比較能掌握，可以適時地提供適合你的銷售資訊。

2. 關係行銷

關係行銷(relationship marketing)是以顧客滿意為出發點，盡可能地滿足顧客的需求。對企業而言，關係行銷的運用既可以維持現有顧客的忠誠度、亦可藉此創造公司最大的利潤，實施步驟包括：

(1) 瞭解客戶需求：企業應充分利用顧客在交易過程中或公司網站上所留下的資料進行分析，例如：顧客瀏覽的記錄、成交的記錄、使用服務的項目、查詢的商品與查詢的次數等，以瞭解顧客的特徵、喜好、購買習性。

(2) 客製化的行銷策略：瞭解顧客的需求和特徵後，企業便可以依此提供個人化、量身訂作的服務或行銷活動，使顧客覺得整個服務或購物過程非常愉悅及受到重視。在此一階段，企業必須思考如何在公司和顧客之間建立起長期的夥伴關係、藉由企業提供的服務或應用程式，並針對不同顧客傳遞的訊息，進而成功地銷售商品、拓展業務。

(3) 銷售成果資訊回饋：蒐集使用者的購買與使用心得，進而瞭解使用者經驗(user experience)，藉以發展下一個世代的產品以及服務。

3. 資料庫行銷

資料庫行銷(database marketing)的定義：資料庫行銷乃是以電腦技術管理一套關於既有顧客與潛在顧客相關資料的資料庫系統，使得企業可以利用這些資料，提供顧客較佳的產品或服務，並且和顧客間建立起良好的長期關係。

4. 整合顧客關係管理與新型態的行銷技術

談到顧客關係管理與一對一行銷、關係行銷、資料庫行銷等新型態行銷技術的整合，都是必須建立在企業電子化的基礎上，配合內部的ERP系統，利用CRM中常用的資料探勘、數值分析等方法，設法得到明確的顧客區隔，予以獨特化與客製化，針對不同等級的顧客，研議出不同的行銷策略，有效地將企業資源運用到終身價值較高的顧客上，如下頁圖所示。

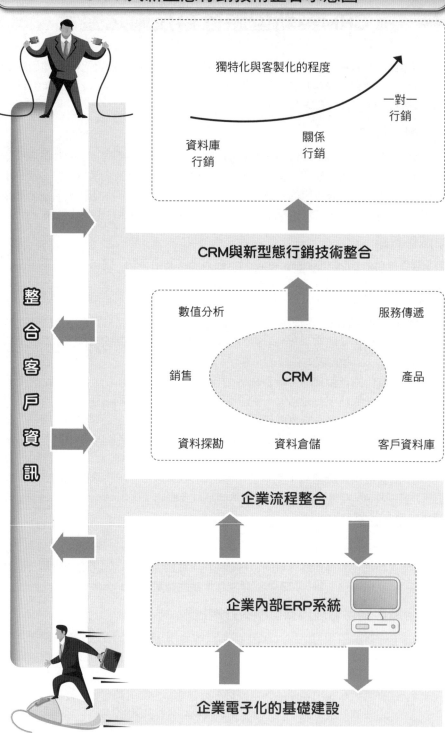

第**19**章

限制理論

Unit **19-1**
限制理論之定義及其實施原則

　　高德拉特(Goldratt)博士是一位以色列物理學家及企管大師，他的第一本企管小說作品《目標》大膽地藉由小說的手法，說明如何以近乎常識的邏輯推演，解決複雜的管理問題，進而發展出一套截然不同的生產管理新哲學和新思維，稱之為「最佳化生產技術」(Optimized Production Technology；OPT)，在學術上常以「限制理論」(Theory of Constrains；TOC)稱之，該系統主要在探討產品於生產加工的過程中，生產線必須考慮所有的限制因素來規劃排程與產品組合，TOC適用於複雜的零工式生產的工廠，藉由產能的分析可以找出整個流程的瓶頸，而這個瓶頸的產能就決定了整個生產線的產出。因此，藉由對瓶頸的控制與管理，來達成增加產出、降低庫存及生產作業費用的目標。

1. 限制理論的說明

　　限制理論(Theory of Constrains；TOC)結合了一些法則、程序和技術，是一套全方位的製造管理哲學，TOC強調「瓶頸工作站」會限制系統整體的產能，若要改善整個系統，就要從瓶頸著手，才可達成三項公司整體目標：(1)增加系統的產出；(2)降低庫存；(3)作業費用，以下將說明該理論常用的名詞：

　　(1) 限制(constraint)：阻礙系統達到目標的任何因素。

　　(2) 產能限制資源(Capacity Constraint Resource；CCR)：整體上，產能不足於或無法滿足需求的資源。

　　(3) 非限制資源(non-CCR)：有足夠的產能來滿足需求的資源。

　　(4) 鼓(drum)：控制整個系統的生產節奏(速度)。生產系統中都會有某個控制點，用以控制生產流量的大小，而瓶頸點即為整個系統的最佳控制點，這個控制點就稱為鼓。

　　(5) 緩衝區(buffer)：使系統能在不同的狀況下正常的運作。由於系統會因為各種變異、停工或是品質不佳造成系統的不穩定，而緩衝區的目的就是用來保護系統使其正常的運作，但並非所有的機台都需要，不過瓶頸機台前一定要設緩衝區。

　　(6) 繩子(rope)：用來確認整個系統的運作能和瓶頸點同步。瓶頸點必須提供所需的量等等的生產資訊給上游的工作站，以決定適當投料時間，避免生產過多造成存貨的堆積。此種溝通、資訊回饋的情形如同繩子。

　　(7) 庫存(inventory)：存放在緩衝區或是存貨區的原料或是半成品，可用以保護系統不會因為變異、停工或是品質不佳而造成停工待料。

　　(8) 產出(throughput)：在特定時間內，系統順利生產製造完成可供銷售之產品數量。

　　(9) 作業費用(operation expense)：在特定時間內，公司將庫存轉變成產出所需投入的花費。

(10) 加工批量(process batch)：同一資源或設備(如工作站)在兩次整備(setup)間加工的產品數量。

(11) 移轉批量(transfer batch)：每次由一個資源或設備(如工作站)移轉到下一個資源或設備(如工作站)的產品數量。

2. 限制理論的基本原則

高德拉特(Goldratt)博士，明確地指出有關於TOC的十項基本原則：

(1) 生產要平衡的焦點不是產能的負荷(load)，也不是產能(capacity)，而是平衡流量，讓系統的的每一個資源或是機台，都能夠用協調一致的步伐前進。

(2) 瓶頸資源一小時的損失，就是整個系統一小時的損失。

(3) 非瓶頸資源一小時的節省，只是一種假象。

(4) 非瓶頸資源的利用程度不是由自己決定，而是由系統之瓶頸系統資源決定。

(5) 瓶頸資源決定整個系統的產出和存貨。

(6) 移轉批量不必也不應該等於生產加工批量。

(7) 資源的使用率或稼動率(utilization)和活化性(activation)是不同的。使用率是代表資源被使用的程度；活化性則是以產品的角度，來計算當對資源有需求時，可立即獲得資源的程度，強調的是有需求時的資源可動率。

(8) 進行排程時，訂單的優先順序與產能的限制必須同時被考慮，兩者並無先後順序之分。

(9) 加工批量是可變動的而非固定的。

(10) 局部最佳化的總和並不等於整體之最佳化。

3. 限制理論的生產管理

限制理論的生產管理是運用「鼓—緩衝—繩子」(drum-buffer-rope)的原理進行生產排程、設置緩衝及下料和加工，其主要的作法為：

(1) 瓶頸站的排程，依據市場的需求和最大的產能。

(2) 下料的時機和數量，考慮瓶頸和緩衝的需要。

(3) 瓶頸第一站是「拉」的生產排程。

(4) 瓶頸站以後的工作是「推」的生產排程。

4. 限制理論持續改善的五個專注步驟

TOC有一套思考的方法和持續改善的程序，稱之為五個專注步驟(five focusing steps)，這五個步驟分別是：

步驟1：指出系統的限制所在(如圖2)。

步驟2：充分應用系統限制(如圖3)。

步驟3：非瓶頸的資源配合，甚至協助瓶頸資源(如圖4)。

步驟4：打破系統的瓶頸或限制(如圖5)。

步驟5：找下一個限制，回步驟1，別讓懶惰成為限制，持續不斷地改善。

TOC限制理論持續改善情境

图1 有六個小男生在清晨準備去登山，其中有一個比較胖(小胖)且身上揹了一個很大的包包，目標是在中午之前六個人都爬到山頂(生產系統的縮影)

图2 隊伍拉長，小胖遠遠的落後了(小胖就是瓶頸)

图3 大家停下來等小胖並且鼓勵他(充分應用系統限制)

圖4　隊友停下來關心小胖，打開他的包包，發現他帶了許多不必要的東西
(找到瓶頸發生的原因)

圖5　把小胖的東西分給其他人，然後請小胖走在隊伍的最前面，隊伍繼續前
進(非瓶頸協助瓶頸，然後讓小胖作為整個系統的鼓，大家依著他的速度
前進)

圖6　六個小男生
順利在中午
前抵達山頂

內文插畫：戴瑾軒

第 **20** 章

數位轉型之發展及人工智慧(AI)之定位與角色

章節體系架構 ▼

Unit 20-1
數位轉型之核心精神與關鍵因素

1. 數位轉型定義

　　數位轉型(Digital Transformation，簡稱DX)的定義仍然沒有明確的標準，在2011年以前，數位轉型強調數位科技的使用對企業、社會的影響；2012到2016年期間，數位轉型著重於資訊科技與新興技術在消費者與企業的連接，以及強調企業的營運模式與組織的架構，像是透過社群媒體、網路改變消費者與企業的結構，甚至影響企業的商業模式、流程、關係和產品，提高企業的績效和規模。2017年迄今，數位轉型的影響更加全面，藉由新興科技與數據，不僅改變消費者、公司，更影響整個企業的生態圈，包含上下游業者；另外，數位創新的效果將帶給企業結構、作法、價值觀和信念的改變，更會影響組織、生態系統、行業或領域內供需各方之間的關係。故簡單地說，數位轉型是以企業價值主張與營運模式出發，結合新興數位科技的應用，優化企業的組織、商業模式、產品與服務，包括利用大數據以更智能的方式瞭解客戶需求、提升決策品質和員工的自主能力，或是人機協作和人工智慧而強化組織效能。

2. 數位轉型的核心精神

資料來源：工研院產科國際所

　　數位轉型會經過三大階段，然而數位轉型核心精神在因應數位科技對產業、市場及生產服務活動的顛覆，思考企業未來經營策略轉變方向，進而尋求新興數位工具的加值運用。數位轉型通常伴隨新價值、新服務的出現，有涉及新價值才是數位轉型，故簡單地說，數位轉型的核心精神在於「新價值的創造」。

　　・ 第一階段——數位化：指將資訊電子化的過程。把文件、圖片、客戶資料等，透過掃描或是拍照的方式，轉換成電子檔，儲存於電腦或雲端中。增加資訊紀錄、更新等動作的效率。

　　・ 第二階段——數位優化：指運用數位科技強化企業的營運效能以及提升顧客體驗。為企業帶來的改變層面在「營運模式」上，關注焦點在提升效率與短期效用回報。

・第三階段——數位轉型：指需要企業內部跨組織與資源的統整，並搭配與外部數位生態圈合作，企業將企業知識與企業智慧轉換並創造數位價值，驅動企業從內部與外部創新。最後，轉型階段前，依據前兩階段所蒐集的資訊作為基礎，整理出一個更有效益的企業策略，再輸出新產品、新方案、新商業模式，創造客戶價值。

3. 數位轉型的關鍵因素

數位轉型不單只是資訊科技與新興技術導入而已，更須企業組織所有成員堅定的轉型認知與認同轉型價值。本書列出數位轉型的五大關鍵因素，如下：

(1) 組織與文化：企業發展數位轉型時，必定會導入新科技以驅動數位能力，時常需要部門間的整合或是大規模的教育訓練，有時甚至是組織整體營運模式的轉變，而在如此巨大的變化之下，文化層面的發展會被忽略，使得整體數位轉型項目失敗。

(2) 人才與能力：分為兩種，

① 軟實力：指較難透過測驗來評估的實力，例如同理心、團隊合作、溝通能力以及領導能力，數位轉型最需要高適應力、高學習能力和同理心。

② 硬實力：指能夠被測試的能力，例如：語言、技術，數位轉型最需要數據分析、雲端計畫和程式語言等能力。

(3) 科技與工具：企業如何導入科技至不同的商業流程，以驅動商業模式的更新及轉變。事實上，每一個產業的重心都不盡相同，例如：製造業可能是以工業4.0為目標，而服務業可能會以創造顧客新體驗為重點。

(4) 數據生態系統管理：真正讓企業持續領先的，其實是數據，更明確地說，應該是「數據生態系統管理」。建構並管理數據生態系統，應涵蓋以下四個面向：

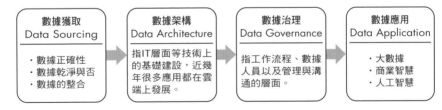

(5) 數位轉型策略：不同類型的產業、不同規模的組織以及持有不同願景的企業，其數位轉型策略可能也會非常不同。以下框架可作為企業發展數位轉型之決策架構。

Unit 20-2
數位轉型決策框架之展望

1. 數位轉型之驅動

　　隨著大數據、人工智慧的應用以及其他新興技術興起，越來越多企業意識到需要改變。企業轉型成功關鍵，在於價值主張與營運模式，透過產品和服務的訊息，帶給消費者新的價值主張，或是藉由消費者的喜好和需求，來改變企業的產銷與營運模式。而驅使企業進行數位轉型的決策有很多，包含企業內、外部環境的變化，或是技術的廣泛使用、以及消費者行為的改變等，但對於多數企業而言，數位轉型的實施與執行，難有成功的策略。

2. 數位轉型之決策框架

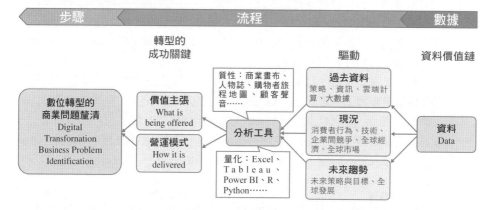

圖解生產與作業管理

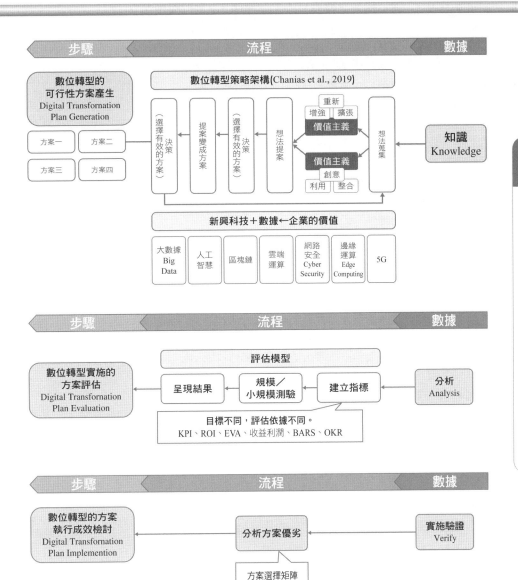

3. 數位轉型決策框架五步驟說明

步驟1：數位轉型的產業問題釐清

　　企業擁有許多的資訊，包含外部全球經濟的發展、企業內部的策略、消費者行為模式改變等，因此企業在進行數位轉型產業問題定義時，應以過去、現在、未來的資訊為基礎，瞭解產業進行數位轉型的驅動，藉由量化與質性的工具，如商業畫布來審視公司的商業模式，透過人物誌、消費者和購物者旅程地圖來理解消費者行為，從而審視企業執行數位轉型的動力，以找出企業進行數位轉型成功的關鍵，釐清企業進行數位轉型的商業目的以及首要問題。

步驟2：數位轉型的目標確認

確認企業進行數位轉型的目標，以利後續方案的執行。目標確認的流程，首先以企業擁有的資訊為基礎，衡量企業的目標對於內、外部的影響，透過常見的SWOT、五力分析等分析工具，協助企業找出自身的優、缺點，以更明確的進行目標確定。其中，企業的目標，需要具體、可衡量性、可以達成、與公司的願景具有相關性，且有期限的完成目標，因為明確的目標能協助企業更準確、更快速產生企業進行數位轉型的方案。

步驟3：數位轉型的可行性方案產生

企業在釐清數位轉型的商業問題以及訂定明確的目標後，應以企業的知識(目標)為基礎，進行數位轉型的策略架構：

1. 進行想法的蒐集。
2. 以企業進行數位轉型的關鍵，價值主張與營運模式為基礎。
3. 將想法具體化提出相關提案。
4. 組織內部進行第一次的決策，選擇有效的提案。
5. 將有效的提案研擬多個方案。
6. 進行二次決策，以產生數個可行性較高的方案。此外，企業應依據。預期達到的目標來產生有效的方案，並藉由新興科技以及數據來輔助產生可行性方案。

步驟4：數位轉型實施的方案評估

企業在進行數位轉型的實施方案評估時，以過去數據為基礎，輔助企業進行方案的評估。根據企業設立的目標，選定評估的依據，而評估的工具不限定使用一種，而是依據公司的目標來選擇，選定評估依據後，企業將多個方案透過模擬，或是市場上小規模的測試，取得多方案的產出結果，以評估方案的優、缺點，以作為企業後續進行方案的選擇依據。

步驟5：數位轉型的方案執行成效檢討

企業進行數位轉型的方案執行成效檢討過程，以數據為基礎，此時的數據也為方案評估所得到的結果，透過方案選擇矩陣等工具，分析方案對企業自身的優劣勢和內外部資源的運用狀況，來選擇合適的方案進行。

Unit 20-3
人工智慧的定義及發展趨勢

1. 人工智慧定義

　　人工智慧(Artificial Intelligence；以下簡稱AI)最早的定義是由麻省理工學院約翰・麥卡錫在1956年的達特矛斯會議上所提出的：「AI就是要讓機器的行為看起來就像是人所表現出的智慧行為一樣。」AI主要是研究如何設計電腦去做一些本來必須由人類才能執行的工作。簡單地說，機器在經過程式設計之後，能表現出與人類類似的智慧，近年來最引人矚目的AI發展，莫過於在2014年由英國倫敦Google DeepMind所開發的人工智慧圍棋軟體AlphaGo，該軟體在2016～2017年之間連續擊敗了多位人類圍棋高手後，旋即宣布退役，是AI發展的一個重要里程碑。

2. 人工智慧技術的發展

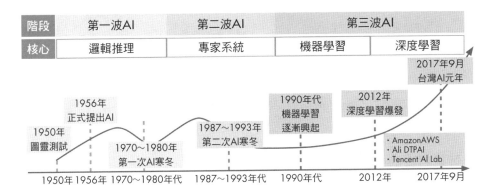

　　・第一波AI(1950～1980年)：1950年代的圖靈測試是科學家圖靈提出一個用來測試機器是否能表現出連人類都無法區分的智能；1956年學術界提出AI，但受限於當時的電腦僅能解決單一領域問題且運算能力不足，AI尚無法解決較複雜的問題。

　　・第二波AI(1980～1993年)：1980～1990年是將大量專家的知識輸入電腦中形成專家系統，然而專家系統是由大量的知識庫與推理規則堆疊而成，模擬領域專家才能解決的複雜問題，但其應用範圍仍有侷限性，AI不能無止盡追逐理想，而必須更加實用。

　　・第三波AI(1993年～現在)：半導體技術的精進大幅提升了電腦的運算能力，網路的速度倍增且雲端資料儲存的成本也大幅下降，有助於大數據(big data)的廣泛蒐集，為AI建立了發展基礎，機器學習是藉由大數據來訓練電腦進行學習，近年來熟為人知的深度學習亦是經由大數據訓練電腦自行「理解」資料的「特徵值」，故稱之為「特徵表達學習」。

3. 人工智慧的實務應用

　　AI在零售、交通運輸和自動化、製造業及農業等各行業領域具有巨大的潛力。而驅動市場的主要因素,是AI技術對終端的服務有極大改善。本書以涉入情境高低及樣本數量為依據,統整目前AI在各大領域的實務應用。

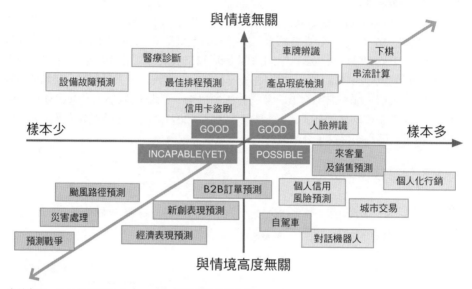

資料來源:改編自陳昇瑋,presented at 2018服務科學論壇(2018 / 9 /14)

4. 智慧製造的七大趨勢

　　(1) 數位映射(Digital Twin)和數位線程(Digital Threads):數位映射是指在資訊平台內模擬物理實體、流程或者系統,類似實體系統在資訊平台中的雙胞胎,企業可藉由於數位映射,可以在資訊平台上實現物理實體的狀態,並藉由感測器蒐集的資料來偵測狀態、回應變化、改善操作及增加價值。數位線程為描述數據流的框架,並且將產品生命週期中所生成的數據資產完整描繪,數據流框架涉及資料傳遞的協議,安全性和標準,數位線程連接數位映射,可以完整呈現實體世界中的數據資產。

　　(2) 完整的供應鏈透明度和可見度(Total supply chain transparency and visibility):系統工程的概念已普遍獲得認可,透過整個供應鏈的優化、物聯網和數位線程的連結,供應鏈透明度和可見性,可望向前邁向一大步。

　　(3) 混合智能(Hybrid manufacturing):混合智能包括「人與系統的混合增強智慧」和「認知計算的混合增強智慧」。「人與系統的混合增強智慧」是將人的作用引入到智慧系統中,形成人與系統的混合智能模式,當系統可信度偏低時,人可以主動介入系統調整參數給出合理正確答案。「認知計算的混合增強智慧」透過模仿生物大腦功能提升電腦的感知、推理和決策能力的軟體或硬體,更準確地建立像人腦一樣感知和推理的AI模型。

(4) 材料創新 (Innovative materials)：材料創新是科學、技術和經濟政策的重要議題，製造和材料是密不可分的，從實驗室到市場的成熟，平均需要20～25年，必須加快研究／開發／部署進程，包括先進的製造和計算綜合材料工程。

(5) 精密測量(Advanced metrology)：隨著奈米製程成為某些領域常見的技術，對於先進量測系統的需求，將持續增加。

(6) 智慧製造所需之技術人才(A skilled workforce for intelligent manufacturing)：缺乏熟練的製造勞動力，可能是全球下一代智慧製造面臨的最大威脅。

(7) 融合製造和高端服務等新業務模式(New business models such as convergent manufacturing and high-end service)：製造業與服務業的工作有高度融合發展的趨勢。

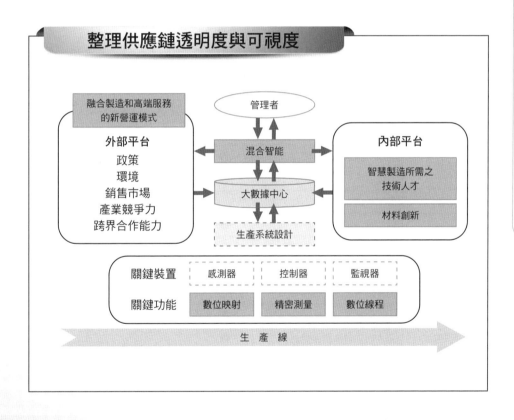

Unit 20-4
人工智慧科技之應用及成熟度分析

1. 科技應用特性

　　人工智慧(Artificial Intelligence；以下簡稱AI)科技應用主要可用於削減成本、提升品質、提高生產力，未來AI可協助工廠管理預測、感知、判斷及自適應的功能。

・預測：研究和預估未來將會發生的事件及結果。

・感知：感知智慧意指讓電腦模擬人類的眼(視覺)、耳(聽覺)等五官功能，讓電腦「能聽會說，能看會認」，而認知智慧則更上一層樓，電腦不僅能「感知」到環境中的各種線索，還要能理解其中含意，組織並且能夠思考，甚至利用推理能力做出決策，也就是「能理解，會思考」。

・判斷：電腦模擬人類的行為做出判斷和決策。

・自適應：對系統參數的變化具有適應能力的控制方法。

主要目的	項　目	預測	感知	判斷	自適應
削減成本	削減材料用量	●			●
	削減生產所需之資源	●	●		●
	減少庫存	●			●
	設備管理、狀況掌握省力化		●		●
提升品質	降低不良率	●		●	
	品質穩定化、減少參差不齊		●		
	提升設計品質	●			
提高生產力	提升設備及人員使用率			●	
	人工作業之效率化	●	●	●	
	減少設備故障所致運轉停止	●			●
	生產瓶頸排除		●	●	
	產能最佳化	●	●		

2. 成熟度分析及案例分享

　　依照產業智慧化發展的成熟度，區分為五大層級作為分析指標，以此提供給企業作為評量。

層級1：資料匯集及分析資料能力

　　企業能依據其目的，使用分析軟體或準備IOT技術對資料進行蒐集及判讀數據分析結果。

層級2：資料標準化、平台整合

企業具備能力面對不同資料、通訊傳輸及協定…等進行整合，將資料進行標準化的處理和確認，甚至建立資料平台讓資料，統一匯整歸檔。

層級3：跨部門資訊共享

資料平台已能運用得宜，企業的不同部門或流程所牽涉單位間的資訊，可以進行共享，並能做出整合型的資料及報告。

層級4：融合、最佳化、模式建立、自適應

整合不同部門及流程進行資料融合，做出對欲判斷之目的進行最佳化分析及模型建立，進而達到自適應進行組織智慧化。

層級5：跨組織、上下整合

跨組織之間及上下游資訊整合及融合，提供智慧自主化能力，對跨組織之間流程提出革新作法。

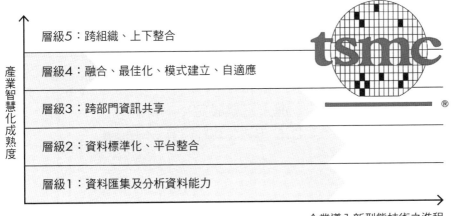

2019年4月晶圓代工廠台積電宣布，5奈米製程已進入試產階段，在開放創新平台下推出完整的5奈米設計架構，協助客戶實現5G與人工智慧的5奈米系統單晶片設計。

台積電研究發展與技術發展副總經理侯永清表示，在5奈米世代，設計與製程需要密切的共同最佳化，透過台積電的開放創新平台電子設計自動化驗證專案，進行全線電子設計自動化工具的驗證。

資料來源：https://money.udn.com/money/story/5612/3736527

3. 製造業導入人工智慧模式

- 選定主題：根據管理者主要目的選擇。
- 資料蒐集建立物聯網平台：透過現場作業(人員、機器、材料、方法、環境)進行基礎資料蒐集，開始進行架設物聯網設備裝置。
- 垂直型導入：AI正式導入工並持續進行優化改善。

圖解生產與作業管理

可視化看板，掌握現場	製程醫生	虛擬品管檢測	設備管理
設備使用率 製程穩定性	肇因柏拉圖 製程優化策略	光學自動檢測預判 模型品質檢測	診斷模型設備 健康度指標

人工智慧技術水平應用導入 →

人工智慧技術垂直應用導入

應用指體資料蒐集	工廠物聯網平台

關聯資料截取
數據蒐集分析
資料上載與儲存
感知器預測及自適應

進入主題設定

・痛點可視化、良率提升、檢測成本降低、精準預防保養
・以數據驅動決策
・成本效益評估

306

案例

　　中鋼公司利用高速影像擷取系統及人工智慧系統，協助生產線進行鋼材品質的監控，人工智慧技術可以透過學習的方式訓練系統進行正確的判斷，舉凡孔洞、皺褶、邊裂等品質問題，均可藉由高速檢測AI系統即時偵測出來，並將資訊回饋至上游製程協助，儘快查明品質不良的成因。

國家圖書館出版品預行編目資料

圖解生產與作業管理/歐宗殷, 蔡文隆著. -- 三
版. -- 臺北市：五南圖書出版股份有限公司,
2022.03
　面；　公分
ISBN 978-626-317-552-5(平裝)

1.CST: 生產管理

494.5　　　　　　　　　111000281

1FW7

圖解生產與作業管理

作　　　者 ― 歐宗殷、蔡文隆

發 行 人 ― 楊榮川

總 經 理 ― 楊士清

總 編 輯 ― 楊秀麗

主　　　編 ― 侯家嵐

責任編輯 ― 吳瑀芳

文字校對 ― 許宸瑞

封面設計 ― 姚孝慈

出 版 者：五南圖書出版股份有限公司

地　　　址：106台北市大安區和平東路二段339號4樓

電　　　話：(02)2705-5066　　傳　　真：(02)2706-6100

網　　　址：https://www.wunan.com.tw

電子郵件：wunan@wunan.com.tw

劃撥帳號：０１０６８９５３

戶　　　名：五南圖書出版股份有限公司

法律顧問：林勝安律師事務所　林勝安律師

出版日期：2016年 9 月初版一刷
　　　　　　2019年10月二版一刷
　　　　　　2022年 3 月三版一刷

定　　　價：新臺幣380元

經典永恆·名著常在

五十週年的獻禮——經典名著文庫

五南，五十年了，半個世紀，人生旅程的一大半，走過來了。

思索著，邁向百年的未來歷程，能為知識界、文化學術界作些什麼？

在速食文化的生態下，有什麼值得讓人雋永品味的？

歷代經典·當今名著，經過時間的洗禮，千錘百鍊，流傳至今，光芒耀人；

不僅使我們能領悟前人的智慧，同時也增深加廣我們思考的深度與視野。

我們決心投入巨資，有計畫的系統梳選，成立「經典名著文庫」，

希望收入古今中外思想性的、充滿睿智與獨見的經典、名著。

這是一項理想性的、永續性的巨大出版工程。

不在意讀者的眾寡，只考慮它的學術價值，力求完整展現先哲思想的軌跡；

為知識界開啟一片智慧之窗，營造一座百花綻放的世界文明公園，

任君遨遊、取菁吸蜜、嘉惠學子！